普通高等教育"十三五"规划教材

能源工程管理与评估

苏福永　赵志南　编著

北　京

冶　金　工　业　出　版　社

2019

内 容 提 要

本书系统地论述了能源工程管理包含的各项内容，包括能源品质、能源开发利用、能源管理体系、经济性分析、节能方法等。本书针对钢铁工业能源管理做了更详细的介绍，第 7 章还结合钢铁厂副产煤气的管理调度模型进行了实例分析。本书将能源理论和实例相结合，易读易懂，方便学习。通过对本教材的学习，学生可以更多地了解能源工程管理的重要性，对能源的开发、生产、输送、转换和应用等环节进行系统的学习，不仅掌握能源的转换和利用技术，还将学会管理知识和经济学方面的知识，最终将学生培养成为既具有能源方面的专业知识又具有现代经济管理头脑的双重人才。

本书可面向所有专业本科生及能源管理相关从业者，以传授能源工程管理基础知识为目的，逐步讲解能源开发与利用、能源管理理论、节能技术及能源系统经济性分析等内容，同时还将引用能源管理体系的工程案例。

图书在版编目(CIP)数据

能源工程管理与评估／苏福永，赵志南编著. —北京：
冶金工业出版社，2019.6
普通高等教育"十三五"规划教材
ISBN 978-7-5024-8135-3

Ⅰ.①能… Ⅱ.①苏… ②赵… Ⅲ.①能源—工程管理—高等学校—教材 Ⅳ.①TK01

中国版本图书馆 CIP 数据核字（2019）第 106660 号

出 版 人 谭学余
地   址 北京市东城区嵩祝院北巷 39 号 邮编 100009 电话 (010)64027926
网   址 www.cnmip.com.cn 电子信箱 yjcbs@cnmip.com.cn
责任编辑 于昕蕾 美术编辑 吕欣童 版式设计 禹 蕊
责任校对 石 静 责任印制 牛晓波
ISBN 978-7-5024-8135-3
冶金工业出版社出版发行；各地新华书店经销；三河市双峰印刷装订有限公司印刷
2019 年 6 月第 1 版，2019 年 6 月第 1 次印刷
169mm×239mm；13.5 印张；265 千字；208 页
32.00 元
冶金工业出版社 投稿电话 (010)64027932 投稿信箱 tougao@cnmip.com.cn
冶金工业出版社营销中心 电话 (010)64044283 传真 (010)64027893
冶金工业出版社天猫旗舰店 yjgycbs.tmall.com
（本书如有印装质量问题，本社营销中心负责退换）

前　言

随着世界经济的不断发展，能源问题已成为制约经济发展的主要因素，我国的能源问题也十分突出，能源的开发、转化、利用、节能等工作需要大量的专业工作者，为此，高等院校本科教育也建立了能源类专业，并开设了"能源工程管理""能源系统优化基础""能量转换与利用"等课程。

本教材可面向所有专业本科生，以传授能源工程管理基础知识为目的，逐步讲解能源开发与利用、能源管理理论、节能技术及能源系统经济性分析等内容，同时还引用了能源管理体系的工程案例。通过对本教材的学习，可以使学生更多地了解能源工程管理的重要性，对能源的开发、生产、输送、转换和应用等环节进行系统的学习，不仅掌握能源的转换和利用技术，还将学会管理知识和经济学方面的知识，最终将学生培养成为既具有能源方面的专业知识又具有现代经济管理头脑的双重人才。

本书第一部分是能源的基础知识，主要包括能源分类、能源资源结构、能源品质、能源开发与储存及能源转换与利用等。第二部分是能源工程技术经济性分析和节能技术，这部分内容主要包括能源工程经济评价的基本原则、能源工程经济的评价方法、能源工程经济不确定性分析、节能定义与相关概念、能量的回收与利用及热力设备的运用效率等。第三部分内容主要是能源工程管理理论与实例，学习这部分内容将使学生了解能源工程管理的目的和意义，掌握能源工程管理的基本方法，学习工业生产中的先进节能技术，了解世界及我国能源管理体系的政策、构架及应用状况等。

通过对本教材的学习，读者可以掌握能源基础知识、能源工程技术经济性分析、节能技术及能源工程管理理论等专业知识，能够应用这些知识对能源系统进行分类、建模，进行经济性分析，最终建立能源管理体系并提出相应的节能措施。

　　本教材的编写与出版得到了北京科技大学教材建设经费的资助，在此表示由衷的感谢。

苏福永

2019 年 3 月

目　　录

1 概　　述

1.1　能源资源概述

自然资源是人类赖以生存和发展的物质基础，是人类生产资料和生活资料的基本来源，自然资源在供人们利用时，都可按物理属性分为物质资源和能量资源两类。其中，能量资源通常就简称为"能源"，它是指赋存于自然地理环境中为人类社会日常生活和生产活动提供各种形式能量的各类自然资源，即凡能为人类社会提供热能、光能、电能等能量的资源都是"能源"。

能源就是向自然界提供能量转化的物质（矿物质能源、核物理能源、大气环流能源、地理性能源）。能源是人类活动的物质基础。在某种意义上讲，人类社会的发展离不开优质能源的出现和先进能源技术的使用。在当今世界，能源的发展，能源和环境，是全世界、全人类共同关心的问题，也是我国社会经济发展的重要问题。

1.1.1　能源资源的分类

能源的种类有很多，根据不同的分类标准可分为不同类型，下面是几种最常见的能源资源分类方式。

（1）按是否可以直接利用分类。按照能否直接利用，可以把自然界现存的、不改变其基本形态就可以直接利用的能源称为一次能源，如石油、天然气、煤炭、太阳能、风能等；把需要将一次能源加工转换成另一种形态方可利用的能源称为二次能源，如电力、煤气、蒸汽等。

（2）按人类的利用水平分类。按照人类的利用水平，可以把在当前历史时期和现有科学技术水平条件下已被日常生活和生产活动广泛应用的各种能源称为常规能源，如水能、生物燃料、化石燃料等；把当前受科学和经济技术水平的限制而尚未广泛应用的未来能源称为新能源，如潮汐能、地热能、太阳能等。

（3）按能源的来源分类。按照能源的不同来源，可将其分为三类：第一类能源是指来自地球外部的再生能源（如太阳能、水能、风能、雷电能、海水热能、洋流动能、波浪动能、生物燃料能等）和非再生资源（如硬煤、褐煤、石油、天然气、油页岩、油砂等）；第二类能源是指来自地球内部的地热能、火山能、地震能以及核燃料裂变、核聚变燃料等；第三类能源是指来自地球与其他天体相互作用产生的能源，如潮汐能、陨石能等。

1.1.2　我国能源资源的特点

我国能源资源的特点具体如下：

（1）能源资源总量比较丰富。截至 2014 年年初，全国有探明资源储量的矿产共 159 种，其中，能源矿产 10 种，金属矿产 54 种，非金属矿产 92 种，水气矿产 3 种。

中国拥有较为丰富的化石能源资源。其中，煤炭占主导地位，煤炭保有资源量 10345 亿吨，剩余探明可采储量约占世界的 13%，列世界第三位。已探明的石油、天然气资源储量相对不足，油页岩、煤层气等非常规化石能源储量潜力较大。中国拥有较为丰富的可再生能源资源。水力资源理论蕴藏量折合年发电量为 6.19 万亿千瓦·时，经济可开发年发电量约 1.76 万亿千瓦·时，相当于世界水力资源量的 12%，列世界首位。

（2）人均能源资源拥有量较低。中国人口众多，人均能源资源拥有量在世界上处于较低水平。煤炭和水力资源人均拥有量相当于世界平均水平的 50%，石油、天然气人均资源量仅为世界平均水平的 1/15 左右。耕地资源不足世界人均水平的 30%，制约了生物质能源的开发。

（3）能源资源赋存分布不均衡。中国能源资源分布广泛但不均衡。煤炭资源主要赋存在华北、西北地区，水力资源主要分布在西南地区，石油、天然气资源主要赋存在东、中、西部地区和海域。中国主要的能源消费地区集中在东南沿海经济发达地区，资源赋存与能源消费地域存在明显差别。大规模、长距离的北煤南运、北油南运、西气东输、西电东送，是中国能源流向的显著特征和能源运输的基本格局。

（4）能源资源开发难度较大。与世界相比，中国煤炭资源地质开采条件较差，大部分储量需要井工开采，极少量可供露天开采。石油天然气资源地质条件复杂，埋藏深，勘探开发技术要求较高。未开发的水力资源多集中在西南部的高山深谷，远离负荷中心，开发难度和成本较大。非常规能源资源勘探程度低，经济性较差，缺乏竞争力。

1.1.3　我国能源资源开发利用存在的主要问题

我国能源资源开发利用存在的主要问题如下：

（1）能源结构以煤炭为主，环境污染严重。我国属发展中国家，能源结构以煤炭为主，人均能耗低，单位产值能耗大，煤炭在一次能源消费结构中所占比重约为75%，煤炭等矿物燃料的大量开发利用促进了国民经济的快速发展，但也造成了严重的环境污染问题，并已成为制约我国经济发展的重要因素之一。总体而言，依旧没有摆脱传统的高投入、高消耗、高污染的增长模式。

（2）能源资源利用率低，浪费现象严重。在对能源资源的利用方面，我国即人均能源拥有量和人均能源消费量低，能源开发技术水平和管理水平低以及能源从开采、运输、加工到终端利用的效率低。这就造成了我国能源资源的严重浪费。

改革开放以来，我国能源资源利用效率虽有所提高，但与世界先进水平相比仍存在较大差距。我国主要工业行业单位产出能耗和物耗、单位建筑面积采暖能耗、机动车每百公里油耗等消耗指标，与世界先进水平相比明显偏高；能源利用效率、矿产资源总回收率、工业用水重复利用率等效率指标，与世界先进水平相比明显偏低。节约能源资源大有潜力可挖。

（3）稀缺性能源紧张。在我国能源资源的开发利用中，存在着稀缺性能源紧张的问题，主要表现在以下几个方面：

第一，从矿产资源来看，能源资源分布分别与矿产资源的成矿地质条件、成矿环境、资源丰度的地域差异性以及我国人口分布相脱节。从黑龙江省黑河至云南省腾冲连一条线，即黑河—腾冲线，该线以东地区集中了我国约90%的人口，而矿产资源则主要分布在这条线以西的山地、峡谷、高原、荒原地区，这不利于人类对其进行开发利用。

第二，经济落后，生产力水平低下，矿山采选中回收综合利用率很低。我国矿山采选中回收综合利用率在70%以上的矿山仅占2%，综合利用率在50%以上的矿山不到15%，远低于发达国家。

第三，投资调配不均。以2003年为例，当年政府财政拨款地质勘查费总量约为111亿元，政府财政拨款实际投入地质勘查工作的费用仅占政府财政拨款地质勘查费总量的22%。我国地质勘查投入结构的不平衡削弱了对能源挖掘的经济刺激，在局部地区形成了能源短缺（后备能源不足）与过剩（大量储量闲置）并存的现象，使国家发展的多个环节脱节。

（4）科学技术水平较低，能源消耗较大。按照高端预测方案，到2020年中国煤炭在能源消费总量中的比例仍将保持在65%左右，需求量将会达到28亿吨，较2003年的煤炭产量高出10亿多吨。按照低端预测方案，到2020年中国原煤需求量约24亿吨，较2003年的煤炭产量高出7亿多吨。如此巨大的需求，在煤炭供应方面会带来巨大的压力。同时，能源使用实际效益差，与发达国家存在巨大的差异，若不改变这种状况，则难以改变我国整个能源状况。

1.2　国内外新能源产业发展状况

1.2.1　全球新能源产业发展现状

进入21世纪以来，随着全球气候问题的日益凸显，以及能源供需矛盾的不断加剧，世界各国从可持续发展和保障能源供给安全的角度，调整了各自的能源政策，进一步将新能源发展纳入国家的发展战略。新能源的市场需求及其投入不断加大，尤其是国际金融危机以来，新能源产业蓬勃发展的态势进一步明朗。有专家预言，新能源、新材料等技术创新及其应用正在蕴育着第四次产业革命。

从产业革命必须具备的三个特征来看，新能源产业有望成为拉动经济增长的新兴战略性产业。第一，新能源符合人类减少对地球资源过度消耗和环保的需求，拥有巨大的市场前景人类就愿意投资和消费新能源，即使在初期要承担比使用传统能源更高的成本。第二，由于人类生产和生活已经离不开能源，新能源可以改变人类生产和生活方式。第三，新能源可以分散形成很大的产业链，因此新能源将不仅仅局限于新型能源生产过程，还将渗透到很多传统产业中，如汽车和建筑业等，形成新的新能源技术产业，从而创造更多的就业。

与前几次产业革命不同的是，当人们意识到科技革命可以成为经济增长引擎时，人们就会主动利用和发展新能源技术。国际金融危机发生之后，世界各国都把发展新能源作为应对国际金融危机的重要举措，新能源产业进入前所未有的发展阶段。

1.2.1.1　美国国家新能源政策和发展目标

美国总统奥巴马上台后，向世人抛出了他的新能源战略，勾勒出新一轮产业革命的构想。这是因为国际金融危机之后，美国必须寻找一个新的产业作为拉动实体经济发展的领头羊。美国在传统的、劳动密集型实体经济中已无竞争优势，大部分实体经济已通过外包转移到发展中国家，它很难把已经转移出来的实体经济重新收回来。重振实体经济，必然扶持那些生产技术制高点由美国掌握的产业，因此，新能源产业成为美国等发达国家的首选。新能源产业的崛起将引起电力、IT、建筑业、汽车业、新材料行业、通信行业等多个产业的重大变革和深度裂变，并催生出一系列新兴产业：一是拉动新能源上游产业如风机制造、光伏组件、多晶硅深加工等一系列加工制造业和资源加工业的发展，二是促进智能电网、电动汽车等一系列输送与用能产品的开发和发展，三是促进节能建筑和带有光伏发电建筑的发展。这不仅能填补美国实体经济的空缺，使美国由消费社会转变为生产、消费并重的社会，而且可增加国内就业，降低污染排放物。

奥巴马政府当时计划在未来 10 年，通过投入 1500 亿美元进行新能源开发，创造 500 万个新工作岗位；对电网改造投入 110 亿美元；对先进电池技术投入 20 亿美元；对住房的季节适应性改造投入 50 亿美元；到 2015 年新增 100 万辆油电混合动力车，并用 3 亿美元支持各州县采购混合动力车；保证美国风能和太阳能发电量到 2012 年占美国发电总量的 10%，到 2025 年占 25%。

2009 年 2 月 15 日，美国总统奥巴马签署总额为 7870 亿美元的《美国复苏与再投资法案》，其中新能源为重点发展产业，主要包括发展高效电池、智能电网、碳捕获和碳储存、可再生能源如风能、太阳能等。其要点是在 3 年内让美国新能源产量倍增，足以供应全美 600 万户用电，这是过去计划在 30 年内才能达到的目标。

1.2.1.2 欧盟新能源政策和发展目标

在金融危机发生之前，欧盟就开始积极倡导发展节能环保产业。2007 年欧盟委员会提出欧盟一揽子能源计划，根据其计划，到 2020 年将温室气体排放量在 1990 年基础上至少减少 20%，将可再生能源占总能源耗费的比例提高到 20%，将煤、石油、天然气等一次性能源消耗量减少 20%，将生物燃料在交通能源消耗中所占比例提高到 10%。2050 年，温室气体排放量在 1990 年的基础上减少 60%~80%。为了支持上述一系列目标的实现，欧盟进一步提出新能源的综合研究计划，该计划包括欧洲风能、太阳能、生物能、智能电力系统、核裂变、二氧化碳捕集、运送和储存等一系列研究计划，重点是大型风力涡轮和大型系统的认证（陆上与海上）；太阳能光伏和太阳能集热发电的大规模验证；新一代生物柴油；第 IV 代核电技术，零排放化石燃料发电，智能电力系统与电力储存等。

国际金融危机之后，欧盟委员会进一步制定了一项发展"环保型经济"的中期规划。欧盟打算在 1050 亿欧元的投资中，要保证欧盟用 5 年的时间初步形成"绿色能源""绿色电器""绿色建筑""绿色交通"和"绿色城市"（包括废品回收和垃圾处理）等产业的系统化和集约化，为欧盟走出国际金融危机与经济衰退后的发展提供可持续增长的动力。

欧盟内部评估认为，对低碳和环保型经济相关的"绿色产业"每投入 1 欧元，至少会带来 10~50 欧元的增加值，而这还不包括节能减排、降低环境污染和控制温室效应等所产生的社会效益。因此，欧盟将低碳经济看作"新的工业革命"。因此，欧盟率先出击，采取了一系列有力的措施推进低碳产业发展，力图在全球应对气候变化行动中和低碳产业中发挥领导者的角色。2008 年 11 月 23 日法国总统宣布建立 200 亿欧元的"战略投资基金"，主要用于对能源、汽车、航空和防务等战略企业的投资与入股。荷兰的经济刺激方案中也包含对可持续能源行业的投资和支持。德国通过了温室气体减排新法案，使风能、太阳能等可再生能源的利用比例从现在的 14%增加到 2020 年的 20%。

1.2.1.3　日本国家新能源政策和发展目标

早在 20 世纪 90 年代，日本经济由于泡沫经济和大量制造业企业向海外转移的影响长期处于低迷之中。国际金融危机之后，日本政府吸取以前应对危机的经验，在本次应对方案中，明确提出了不以增加短期需求为目标的指导原则，力求以"结构改革促经济发展"的方式，取代"通过扩大政府支持刺激经济成长"的方法。继续提出了普及、开发节能技术，加大研究清洁能源力度的目标，并给予了相当大的预算支持，这进一步体现了日本通过解决危机促进能源结构转型、继续保持日本在节能方面优势地位的战略目标。

日本 95%的能源供应依赖进口，出于能源安全等方面的考虑，2004 年 6 月，日本通产省公布了新能源产业化远景构想：计划在 2030 年以前，要把太阳能和风能发电等新能源技术扶植成商业产值达 3 万亿日元的基干产业之一，石油占能源总量的比重将由现在的 50%降到 40%，而新能源将上升到 20%；风力、太阳能和生物质能发电的市场规模，将从 2003 年的 4500 亿日元增长到 3 万亿日元。金融危机之后，日本发展新能源产业的意向进一步增加，拟定了旨在占领世界领先地位、适应 21 世纪世界技术创新要求的四大战略性产业领域：其中之一就是环保能源领域，包括燃料电池汽车、复合型汽车（电力、内燃两用）等新一代汽车产业，太阳能发电等新能源产业，资源再利用与废弃物处理、环保机械等环保产业。

1.2.1.4　印度国家新能源政策和发展目标

与发达国家一样，发展中国家也认识到新能源对经济发展的带动作用。除我国之外，其他发展中国家通过立法和行政手段，推进可再生能源发展。

印度于 2008 年 4 月召开了第 11 届新能源和可再生能源五年计划会议，确立了新能源的基本目标、新能源激励政策、新能源管理部门、新能源技术开发政策、新能源国际合作与国家安全等。印度规划到 2032 年，电力增加 15%，生物燃料、合成燃料和氢达到油料消费的 10%，在可能使用太阳能热水器的地方100%使用太阳能热水器（到 2022 年全部宾馆和医院使用太阳能热水器）。在印度现已有超过 19 个太阳能光伏电池制造厂投入生产。

1.2.2　新能源开发利用

根据联合国环境规划署 2008 年 3 月发布的报告显示，目前至少有 60 多个国家制订了促进可再生能源发展的相关政策，欧盟已建立了到 2020 年实现可再生能源占所有能源 20%的目标，我国也确立了到 2020 年使可再生能源占能源消费总量比重达到 15% 的目标。到目前为止，风电、地热、太阳能、潮汐等新能源占全球发电总装机容量 1% 左右。近年来新能源开发利用速度逐步加快，成为世界各国投资热点。

1.2.2.1　风电的开发利用

风电行业的真正发展始于 1973 年石油危机，美国、西欧等发达国家为寻求替代化石燃料的能源，投入大量经费，用新技术研制现代风力发电机组，20 世纪 80 年代开始建立示范风电场，成为电网新电源。在过去的 30 年里，风电发展不断超越其预期的发展速度，一直保持着世界增长最快的能源地位。

根据全球风能理事会（GWEC）的统计，全球风电装机居前十位的国家分别为美国、中国、德国、西班牙、印度、意大利、法国、英国、丹麦、葡萄牙，合计占全球风电装机总容量的 86%。其中中国超过德国和西班牙，跃居全球风电装机第二位，同时也以 113% 的增长率成为全球风电增长最快的国家。目前欧洲一些国家陆上风电开发程度很高，未来风电开发的重点将由陆上转向海上。

1.2.2.2　太阳能光伏的开发利用

最近几年，光伏产业成为新能源产业中发展最快的行业之一。从 1998 年至今，全球范围内光伏发电新装容量年增长率为 43%，而最近 5 年，增速更是高达 56%。据初步估算，目前世界上太阳能潜在资源 120000TWp，实际可开采资源高达 600TWp。太阳光伏发电由于不受能源资源、原材料和应用环境的限制，具有最广阔的发展前景，是各国最着力发展的新能源技术之一。自 2000 年以来，世界太阳能光伏电池安装量迅猛发展，2004 年当年新增安装量突破 1GWp，2007 年突破 2GWp，2008 年突破 5GWp，而到 2014 年底，全球累计光伏发电装机容量达到了 177GWp。

除提供能源外，太阳能光伏可以降低温室气体和污染物排放、创造就业机会、保证能源安全、促进农村尤其是边远农村的发展。发展太阳能光伏对全球经济、社会和环境影响深远。

世界光伏产业和市场自 20 世纪 90 年代后半期进入了快速发展时期。世界太阳电池产量逐年增长，过去 10 年的平均年增长率达到 49.8%，连续 10 年超过 30%，超过了 IT 产业，已经成为世界上发展最快的产业之一。

1.2.2.3　太阳能热的开发利用

由于技术和市场门槛较低且基本不受资源条件制约，太阳能热水器适合在绝大部分国家发展，是普及程度最高的太阳能产品之一。目前，太阳能热利用技术已规模化应用。截至 2008 年底全球太阳能集热面积为 2.3 亿平方米，相当于

1.61 亿千瓦，生产的热能折合 960 亿千瓦·时。太阳能热水器产量和保有量已持续多年保持高增长，产量在可再生能源中仅次于风能。

我国是太阳能热水器利用第一大国。我国太阳能热水器使用量和年产量均占世界总量的一半以上，位居世界第一。其次为美国、德国、澳大利亚、土耳其。尽管欧洲地处高纬度，属于太阳能资源较贫乏地区，但近年来各国对太阳能热水器的开发利用普遍很重视。总的来看，全球太阳能热水器产业和市场集中在中国和其他少数几个发达国家和地区，欧洲和中国发展速度较快，产业和市场将进一步向这些国家集中。尽管总量很大，但我国太阳能热水器的家庭普及率不到10%，总体来看处于较低水平，且各地区发展不均衡。我国太阳能热水器市场还远未饱和，仍有较大发展潜力。

太阳能热利用的发展方向是太阳能一体化建筑，未来的重点是在提高太阳能供热可靠性的基础上进一步向供暖和制冷方向发展。按照目前的发展趋势，主要考虑部分满足城乡居民生活和部分商业活动热水的需要，不考虑太阳能热水器在商业与工业领域的大规模应用，2020 年和 2030 年我国太阳能热水器总集热面积将分别达到 3 亿平方米和 7.5 亿平方米，分别折合约 2.1 亿千瓦和 5.75 亿千瓦，年利用量分别为 1260 亿千瓦·时和 3150 亿千瓦·时，年替代能源量将分别达到4000 万吨标准煤和 9000 万吨标准煤。

1.2.2.4　煤层气的开发利用

据国际能源机构估计，全球埋浅于 2000m 的煤层气资源总量约为 260 万亿立方米，是常规天然气探明储量的两倍多。可供开采的气源储量达 137.8 万亿立方米，其中 90% 煤层气资源分布在中国、俄罗斯、加拿大、美国、澳大利亚等 12个主要产煤的国家。美国是世界上煤层气商业化开发最成功的国家，也是迄今为止煤层气产量最高的国家。继美国之后，加拿大、澳大利亚、印度、英国等国也相继开始大规模开发煤层气。

1.2.2.5　煤炭清洁高效利用

煤炭清洁高效利用主要包括以下四个领域：煤炭加工、煤炭高效清洁燃烧、煤炭转化、污染物排放控制和废弃物处理。煤炭清洁加工技术主要包括洗选煤技术、型煤技术以及水煤浆技术等，煤炭高效洁净燃烧包括整体煤气化联合循环发电技术、增压流化床联合循环发电技术等，煤炭转化技术指的是煤炭气化、液化以及与燃料电池联合利用等，煤炭的污染排放控制和废弃物技术处理指的是烟气净化、煤层气利用和煤矸石综合利用等方面的技术综合。

英国能源和气候变化部于 2009 年 6 月 17 日正式公布了《洁净煤计划草案》及其评估报告，认为这个主要针对燃煤电厂的计划不仅可以帮助应对气候变化，还可以促进经济发展和带动就业，其对英国经济的价值将来每年可达 40 亿英镑。它的主要对象，是以煤炭为燃料的火电厂，要求英国境内新设燃煤电厂首先必须提供具有碳捕捉和储存能力的证明，每个项目要有在 10~15 年内储存 2000 万吨二氧化碳的能力；并要求新设燃煤电厂及时更新相关设备，使碳捕捉和储存能力保持在最高水平。如果没有达到相关要求，将采取措施限制燃煤电厂的二氧化碳排放量或减少其运行时间，以确保达到减排目的。

日本十分重视煤炭清洁利用技术的开发。1999 年出台了《21 世纪煤炭技术战略》，提出了到 2030 年把煤炭燃烧产生的 CO_2 排放量减少到零的目标，并制定了分阶段的技术开发战略。把已研究开发的煤炭利用技术作为第一代高效利用技术，然后将煤炭利用技术开发分为三个阶段：2000~2010 年为第二代高效利用技术时期，将 CO_2 排放量减少 20%，研究开发应用煤炭燃烧技术和煤炭气化联合循环发电技术，普及熔融还原炼铁技术，开发高转换率焦炭生产技术以及降低 SO_x、NO_x 和灰尘排放量的技术；2010~2020 年为高效混合利用技术时期，将 CO_2 排放量减少 30%，进行煤炭气化燃料电池复合发电技术的实用化，研究开发利用煤炭回收 CO_2 技术，开发利用煤层气（甲烷）和煤炭气化的发电技术，利用煤炭制造二甲醚和甲醇等运输用燃料的技术以及利用煤炭生产化工原料的技术等；2020~2030 年为零排放利用技术时期，将以煤炭气化、煤炭回收 CO_2 技术、煤层气（甲烷）制氢技术为基础，开发不排放 CO_2 的发电技术，并且寻求建立以煤炭为核心，把能源、化工、钢铁及其他产业组合在一起的新产业。

日本《新国家能源战略》也明确提出，要促进煤炭气化联合循环发电技术、煤炭气化燃料电池复合发电技术的开发和推广。

日本在提高燃烧效率和脱硫脱氮方面处于世界领先水平。日本政府预计将投资 3600 亿日元实施有关煤利用的国家项目。在提高热效率方面，加压流化床燃烧综合发电技术和超临界微粉炭火力发电技术已得到实际应用。在发电站的大容量化方面，日本也领先于欧美。在炼铁方面，日本以从美国引进的技术为基础，已使其独有的高炉风口微粉炭多量吹入技术得到实际应用，而且这适用于所有的高炉。今后，日本有望实施清洁煤实证项目和煤气化燃料电池综合循环发电系统技术开发，而且煤制氢技术和无灰煤高效发电系统技术作为未来技术而备受瞩目。

1.2.2.6　生物质能的开发利用

生物质能产业是指利用可再生或循环的有机物质，包括农作物、林木和其他植物及其残体、畜禽粪便、有机废弃物，以及利用边际性土地和水面种植能源植物为原料，通过工业性加工转化，生产和提供能源产品的一种新兴产业。生物质能源产品分为固体类（生物质原态、成型燃料）、液体类（燃料乙醇、生物柴油）及气体类（沼气、生物质汽化、生物质制氢）。

目前，人类对生物质能的利用仍然以非商品的传统利用为主，占生物质开发利用量的80%，主要用于农村地区家庭炊事和工业；生物质能源商品化利用量占生物质开发利用量的20%，其中发电、供热和生物质液体燃料利用量分别占5.3%、8.9%和5.8%。

生物质发电包括农林生物质发电、垃圾发电和沼气发电。农林生物质发电是目前最主要的生物质发电方式，占全球生物质发电量的70%以上，沼气发电约占14%，垃圾发电约占12%。由于生物质原料的能量密度低，收集和运输成本高，生物制发电对原料的收集半径比较敏感。例如一个1.2万千瓦的生物质发电厂的原料收集半径在15km左右，受收集半径的限制，生物质发电厂的规模一般较小，主要用于满足边远地区或工农业生产自用电的需要。欧盟拥有全球最先进的生物质发电技术，也是生物质发电大国，装机容量约占全球的28%，美国生物质发电装机达760万千瓦，约占全球的16.5%，以中国和印度为代表的发展中国家生物质发电在全球也占有重要地位，合计发电装机接近全球的一半。生物质发电受生物质资源能量密度低、收集半径小等因素影响，单机容量不可能很大，大规模产业化受到制约。

沼气的生产具有投资小、技术简单、原料成本低且来源广泛等优点，适宜在农林畜废弃物丰富的农村或城镇发展。利用生物质发酵生产沼气，不仅可获得能源，还可生产有机肥料，有助于保护自然环境，改善农村卫生条件，减少疾病的发生。按热值计算，目前沼气是利用量仅次于乙醇的生物质燃料。

影响生物质燃料液体发展的最主要因素是资源量，依靠种植专门的作物获取所需的资源，将受到土地、水源、气候等多种因素的制约，不是未来生物液体发展的主流。而且，生物液体燃料的生产过程也要消耗能源，不同的技术获得的净能源效益是不同的。综合多种考虑，纤维素乙醇将是未来生物液体燃料发展的主要方向。当前纤维素乙醇技术还不成熟，美国等发达国家对这种技术的进步和成本下降的预期，主要是基于能和石油产品相竞争的考虑做出的，预计这种技术在全球范围内会在2020年前有所突破，但能否实现还有待进一步验证。在发展纤维素乙醇的同时，各国也在加强研究藻类生产生物柴油的研究，但这种技术的未来发展前景都还存在着很大的未知数。生物合成燃料可以以成本低廉的各类纤维素生物质资源为原料，来源广泛，在中长期看来具有较为广阔的发展空间。与纤维素乙醇一样，生物合成燃料的技术目前基本还处于探索阶段，需要寄希望于在2020年前有较大的技术突破，否则不会在未来有较大规模的发展。

1.2.2.7 新能源汽车

目前，新能源汽车一般可分为三类：纯电动汽车（PEV）、混合动力汽车

（HEV）、燃料电池电动汽车（FCEV）。近几年在传统混合动力汽车的基础上，还派生出一种外接充电式（Plug-In）混合动力汽车，简称 PHEV。

当前世界发达国家对新能源汽车技术高度重视，从汽车技术变革和产业升级的战略出发，颁布制定了优惠的政策措施，积极促进本国新能源汽车工业发展。据不完全统计，国际金融危机爆发之前，发达国家每年用于新能源汽车的科研开发和产业化发展的资金不低于 10 亿美元，累计投入已达 100 多亿美元。

从市场竞争角度看，全球基本形成以美国、中国、日本三方主导的电动汽车产业竞争格局。美国由于及时出台了支持电动汽车发展的一揽子政策，主流汽车厂家行动较快，美国在电动汽车研发和产业化方面会走在世界前列。日本的混合动力技术在 2009 年显示出了强大市场竞争力，在此技术领域日本遥遥领先。中国在 2009 年开展了全球规模最大的电动汽车检验性运行（十城千辆计划），电动汽车较完整的产业链已初步形成。

从世界电动汽车的发展方向看，在石油约束条件下，长远而言纯电动汽车和燃料电池汽车是发展的方向，但由于技术和成本的原因，这两种产品目前不如混合动力汽车具有市场竞争力。（1）纯电动汽车技术基本成熟，低价高效蓄电池技术是其关键技术，车用电池的使用成本、续航能力和成本限制了其市场竞争力。纯电动汽车，能量来源为蓄电池，驱动系统为电机，特点是完全零排放，不依赖石油。现在，纯电动汽车技术基本成熟，但是由于动力蓄电池的比能量、比功率较小，带来了车辆自重大、续航里程短的致命缺憾，而且蓄电池的使用寿命和价格还没有取得突破，因此，纯电动汽车的推广应用受到了一定的限制。目前主要问题是蓄电池的比能和价格，因而其发展关键是低价高效蓄电池技术。（2）燃料电池电动汽车，在技术上还未取得突破性进展，成本高，大规模商业化应用需要 20 年以上的时间。燃料电池电动汽车，能量来源为燃料电池，驱动系统为电机，特点是行驶里程长，能量效率高，不依赖石油，无废气排放或超低排放，但技术上还未取得突破，且成本高，目前仅燃料电池的价格就要 25000 美元。燃料电池技术要取得商业化运用需要 20 年以上的时间。（3）混合动力汽车是一种承前启后、在经济和技术方面都趋于成熟的产品，在未来纯电动汽车和燃料电池汽车尚有困难突破瓶颈时，有其现实价值。混合动力电动汽车，能量来源为蓄电池及发动机，驱动系统为电机及发动机，特点是行驶里程长，可以不用单独的充电设备，行驶过程中仍有废气排放，但很低。在城里用电机驱动，在城外用内燃机驱动，以减少城市污染。混合动力汽车依赖石油，且成本高。混合动力轿车 PRIUS 的发展很大程度得益于政府的扶持。

1.2.2.8 地热能的开发利用

相对于生物质能而言，地热能的开发利用规模较小、速度较慢。1950 年，全球地热能发电装机容量为200MW，到2008年，全球地热能发电装机总容量为10GW。近60年的时间，装机容量只增加了9.8GW。从区域分布看，地热能在全球的开发利用主要集中北半球，北美洲和亚洲的地热发电装机占全球的3/4。以2008年为例，在全球10GW地热能发电装机中，美国为3GW，欧盟为0.8GW，日本为0.5GW，包括中国和印度在内的发展中国家约为4.8GW。北美洲、亚洲、西欧与北欧则是地热利用的主要分布区，约占全球的80%。

虽然地热能开发利用规模不大，但是国际上对地热能发电的前景比较看好。根据国际能源署（IEA）等机构的研究，到2020年全球地热能发电总装机容量将达到200GW。在2011~2020年间，全球新增装机容量约为190GW。按单位投资成本6000美元/kW的标准保守估计，形成的投资需求将超过1万亿美元。

1.2.3　我国新能源产业发展现状

近几年来，由于国家对新能源的高度重视，新能源开发利用发展较快。今年来，我国新能源在终端能源消费中的比重逐步提高，目前我国地热能建筑应用面积超过1亿平方米，居世界第一；生物燃料乙醇年产量165万吨；沼气利用量超过150亿立方米；煤基燃料产量200多万吨；煤层气利用量18亿立方米；天然气分布式能源装机容量约230万千瓦。虽然新能源开发利用量在增加，但从能源终端消费构成来看，新能源消费占总能源消费比重不大。

1.2.3.1　风电的开发利用

2014年我国风电产业继续保持强劲增长势头，全年风电新增装机容量1981万千瓦，创历史新高。2014年我国风电累计并网装机容量达到9637万千瓦，占全部发电装机容量的7%，占全球风电装机的27%。2014年风电上网电量1534亿千瓦·时，占全部发电量的2.78%。同时，我国风电设备制造能力持续增强，技术水平显著提升。2014年，全国新增风电设备吊装容量2335万千瓦，同比增长45%，全国风电设备累计吊装容量达到1.15亿千瓦，同比增长25.5%。风电产业制造能力和集中度进一步增强，8家企业风机吊装机容量超过100万千瓦。风机单机功率显著提升，2MW机型市场占有率同比增长9个百分点。风电机组可靠性持续提高，平均可利用率达到97%以上。

1.2.3.2　光伏发电的开发利用

由于光伏发电成本较高，目前我国太阳能光伏发电市场还很小。太阳能光伏发电仍主要用于解决电网覆盖不到的偏远地区的居民用电问题，并网的光伏发电系统所占比例并不高。我国光伏市场的真正启动是在2009年，随着财政部支持的"金太阳工程"和国家能源局发起的敦煌10MW光伏发电特许权招标项目，标志着中国光伏发电市场的发展开始进入快车道，截止到 2015 年 6 月底，我国光伏发电装机容量达到 3578 万千瓦，其中，光伏电站 3007 万千瓦，分布式光伏电站 571 万千瓦。

预计到 2020 年太阳能光伏发电将会成为我国能源支柱产业之一。我国光伏发电市场已经涉及以下几个方面的应用：（1）太阳能屋顶；（2）太阳能电站；（3）太空方面；（4）太阳能灯；（5）太阳能车和游艇；（6）交通设施方面；（7）通信方面；（8）家电方面；（9）其他地面应用。预计到 2020 年，太阳能光伏发电能为我国提供 2000 万个以上的就业机会，太阳能光伏发电将会成为我国能源支柱产业之一。同时带动相关产业如电子、交通、机械、电器、服务业的迅猛发展。

1.2.3.3 煤层气的开发利用

我国是煤层气资源丰富的国家。埋浅于 2000m 的煤层气资源储量为 36.8 万亿立方米，继俄罗斯、加拿大之后居世界第三位，相当于近 450 亿吨煤当量，350 亿吨油当量，与我国陆上常规天然气资源量相当，开发利用潜力十分巨大。全国煤层气资源主要分布在华北和西北地区，其中，华北地区、西北地区、南方地区和东北地区分别占全国的 56.3%、28.1%、14.3% 和 1.3%。我国煤层气资源可采资源总量约 10 万亿立方米，其中大于 1000 亿立方米的盆地（群）有 15 个：二连、鄂尔多斯盆地东缘、滇东黔西、沁水、准噶尔、塔里木、天山、海拉尔、吐哈、川南黔北、四川、三塘湖、豫西、宁武等。二连盆地煤层气可采资源量最多，约 2 万亿立方米；鄂尔多斯盆地东缘、沁水盆地的可采资源量在 1 万亿立方米以上，准噶尔盆地可采资源量约为 8000 亿立方米。

目前，国内企业大多采取与拥有资金和技术的国外企业进行合作的方式进行煤层气的开发。例如，贵州和中联煤层气有限责任公司合作，共同与加拿大亚加能源有限公司签署了合作开发贵州保田青山区块煤层气资源的产品分成合同。黑龙江龙煤矿业集团有限责任公司与香港中杰国际有限公司、加拿大国泰油气有限公司共同签署了全面推动煤层气生产与开发利用的合作意向书。此外，中联公司在云南省建立一个煤层气地面抽采示范点，探索商业化开发之路。到 2010 年底，中联公司建成了 2 个煤层气生产基地，年产量达到 10 亿~15 亿立方米，煤层气产量达到可供商业开发利用的规模。

1.2.3.4 煤炭清洁高效利用

我国的选煤技术自主设计能力近些年有大幅提高，煤炭的入洗率达到 44.8%，是世界第一大选煤国家。大型高效选煤厂建设发展迅猛，年入选原煤能力 1000 万吨及以上的超大型洗选厂有 15 座，最大规模达到 2000 万吨/年。其中干法洗选、重介质旋流器、细粒煤分选等技术发展迅猛；水煤浆制浆生产能力先已近 300 万吨/年，而且在工业燃烧水煤浆取得实质性进展；我国已建成较大规模的动力配煤生产线，配煤能力 5000 多万吨/年；型煤技术得到大力推广，建立起了自己的锅炉型煤、汽化型煤、型焦及配型煤炼焦和生物质型煤生产线。煤炭洗选技术的发展，促进了用煤技术的进步。很多用煤设备由"吃粗粮"改"吃细粮"后，能效和环境得到很大改善。有研究表明，工业锅炉使用洗选煤后，锅炉效率最高能达到 88%，节能率达到 26%。

煤炭气化技术取得突破性进展。我国在煤炭转化方面进步较大，研究开发了具有自主知识产权的干煤粉气化技术、水煤浆气化技术、灰融聚气化技术等关键技术，一批大型煤气化技术与装备相继进行示范和投入工业化运行，尤其多喷嘴水煤浆气化技术取得突破性成果，有十多套大型装置在运行，其性能指标达到世界先进水平。

煤炭直接液化进入工业试运行阶段。我国建立了百万吨煤直接液化示范工程，取得一系列技术和工程成果，包括催化剂制备的关键技术、煤制油的关键技术和工艺、直接液化的工程技术，成为世界唯一掌握百万吨级煤直接液化技术的国家。2008 年 12 月 30 日神华煤直接液化百万吨级示范工程开始了投煤试车，该工程包括备煤、催化剂制备、煤直接液化、加氢稳定（溶剂加氢）、加氢改质、轻烃回收、含硫污水汽提、脱硫、硫磺回收、酚回收、油渣成型、两套煤制氢和两套空分等装置，一系列工程技术问题正在得到解决。2009 年 8 月开始第二阶段运转，实际油收率超过了 52%（设计值为 56%），最高负荷为 85%。

煤炭间接液化技术示范取得成功。自主研发了低温浆态床 F-T 合成关键技术，目前有 3 套 16 万~18 万吨/年规模的装置在试运行，技术正在得到检验，产品也开始应用。工程化技术在完善，为更大规模的装置建设积累工程经验。山西潞安煤炭间接液化项目，规模为 16 万吨/年，2008 年 12 月 22 日开始投料试车，标志着我国煤炭间接液化示范项目的工艺主装置已经进入实质性操作阶段。内蒙古伊泰 16 万吨/年煤炭间接液化项目 2009 年 3 月 27 日出合格柴油，8 月 21 日第二次试车，装置负荷 70%。2010 年已进入连续运行试生产阶段，累计生产油品 4.1 万吨。神华 16 万吨/年煤炭间接液化项目 2009 年 12 月 9 日投料试车，生产出合格油品。兖州矿业集团 2003 年底建成了年产 1 万吨产品的工业示范装置，2004 年 3 月底投料试车成功。目前采用该技术建设 100 万吨/年间接液化示范工厂的前期工作已基本完成，具备了建设大型工业化装置的技术条件。

煤制烯烃技术进入示范的关键阶段。煤制烯烃是煤制甲醇与甲醇制低碳烯烃的技术组合，技术难点在甲醇转化为烯烃。中国科学院大连化物所 2005 年在陕西建成世界第一套万吨级甲醇制烯烃工业试验装置，进行了 3 个阶段历时 1150h 的工业化试验，装置规模和技术指标处于国际领先水平。清华大学开发的新型流化床甲醇制烯烃技术建设了处理 3 万吨/年甲醇的装置，2009 年 10 月实现了 470h 连续稳定运行，实现重大突破。

煤制天然气、乙二醇项目建设进展顺利。煤制天然气技术是通过煤气化、煤气净化和煤气甲烷化的过程，产品气中甲烷含量可高达 95% 以上，完全可以替代天然气使用。2009 年 8 月 30 日，第一个经国家发展改革委核准的大唐国际 40 亿立方米/年示范工程在内蒙古克什克腾旗开工建设，并于 2013 年投入运营。2009 年 12 月，内蒙汇能投资的 16 亿立方米/年煤制天然气项目通过国家发展改革委的核准。2009 年 12 月 7 日，通辽金煤化工有限公司经过 1 周试运行，打通了煤制乙二醇全流程，在技术上取得了较大进展。

燃煤联合循环发电已具备一定的技术基础。燃煤联合循环发电技术包括整体煤气化联合循环发电（IGCC）、增压流化床燃煤联合循环发电（PFBC-CC）和常压流化床燃煤联合循环发电（AFBC-CC）。

我国目前在 IGCC、合成油和合成替代燃料方面已具备了一定的技术基础，实现发电与合成的多联产示范装置在不远的将来也是有可能的。此外，煤基多联产不仅通过电力系统与化工流程的有机结合实现煤炭转化过程中化学能和物理能的综合梯级利用，而且也可以为能源系统 CO_2 减排提供契机。

我国 1978 年开始研究 IGCC 技术，并将其列入国家重点科技发展方案，但由于 IGCC 中投资最大、最为关键的气化炉技术一直由国外技术所垄断，致使 IGCC 发电的投资较大，经济效益差，企业积极性不高。随着国内借鉴荷兰 Shell 气化炉和德士古气化炉开发的、拥有自主知识产权开发的航天炉和两段炉的问世，加上环境形式的日益严峻和节能减排任务的不断加大，IGCC 技术日渐受到重视。

2005 年底华能集团提出绿色煤电战略，2006 年各大发电集团竞相展开 IGCC 技术在国内的发展和应用，IGCC 技术出现了发展的转机。华能天津绿色煤电 IGCC 电站和华电杭州半山 IGCC 电站是目前我国推广 IGCC 电站的示范方案。

脱硫技术基本成熟，脱硝技术应用取得一定进展。我国开发了一系列烟气脱硫、除尘新技术，完成了多套电站烟气脱硫脱硝工程，脱硫方面，烟气脱硫技术基本成熟，到 2009 年底，全国火电机组烟气脱硫机组容量占火电机组容量的 71%~72%。我国烟气脱硫技术发展的重点方向是湿法脱硫。目前已竣工的湿法脱硫系统有珞璜电厂 2×360MW 全容量湿法脱硫装置、山东黄岛电厂 100MW 旋转喷雾干法脱硫装置、太原第一热电厂 200MW 高速平流式湿法脱硫装置等。烟气脱硝取得了一定进展，到 2009 年底，采用烟气脱硝技术机组容量达到 4400kW，占火电机组容量的 6.7%。

煤矸石和煤泥等废物再资源化已初步实现产业化。国内现有煤矸石电站 110 多座，装机容量超过 1300MW。近年来通过治理，现有国有重点煤矿的矿井水外排达标率达到 85% 以上，同时国有重点煤矿选煤厂通过对生产系统进行改造，提高了煤泥回收率，洗水基本实现了洗水闭路循环。

1.2.3.5 生物质能的开发利用

近年来，在政府和有关科研机构不断加大资金投入的支持下，我国开展了生物柴油生产、能源植物培育、生物质快速裂解（纤维素乙醇）等技术的探索性、创新性研究，在秸秆致密成型、生物质制取液体燃料、秸秆气化发电和供民用燃气等方面都取得了一定进展，在非粮食能源作物培育、含有能源植物培育以及生物柴油转化技术方面取得一定进展。

在气体生物燃料中，沼气的技术最成熟，应用规模也最大，生物质汽化得到的一氧化碳主要用于发电。到 2008 年底，全国户用沼气池达到了 3000 多万口，畜禽场、食品加工、酒厂、城市污水处理厂等的大中型沼气工程达 1600 多处，年产沼气总计超过 140 亿立方米，为约 8000 万农村人口提供了优质的生活燃料。商业化供应的沼气价格在不同地区有较大差异，按每立方米 2.5 元的价格保守估计，国内沼气市场规模已达 350 亿元。

在我国，沼气技术主要应用于以下三个领域：一是小型户用沼气，它提供炊事和照明的燃料，同时，农民更重视它提供的高效有机肥；二是处理工农业高浓度有机废水，所产沼气供应附近居民，沼渣、沼液亦可多方利用，现在统称之为"能源-环境工程"；三是分散处理城镇居民的生活污水，处理后的排放水可达到地方标准。目前看来，小型户用沼气工程有较好的经济效益。将沼气池、猪舍、厕所和蔬菜大棚组合为一个小型生态工程，产气、产肥、种植、养殖均在良性环境中发展，每个沼气池每年能为农民提供 2000 多元的纯收入。不过，大中型沼气工程的经济效益相对较差。这主要是因为初始投资较大（与万吨规模工业酒精厂配套建设的沼气工程初始投资在 500 万元以上），沼气销售具有一定困难。若将沼气用于发电，则其每度电的成本在 0.5 元左右，远高于燃煤发电成本。

生物质致密成型燃料。受制于综合生产成本高等因素的影响，我国固体生物质燃料生产和应用虽然取得了一定进展，但仍与预期发展目标有较大差距。根据农业部科技教育司提供的材料，截至 2010 年底，我国生物质成型燃料示范点为400 余处，成型燃料的年产量约为 100 万吨。按 750 元/吨的价格估算，目前国内固体生物质燃料市场规模约为 7.5 亿元。固体生物质燃料的成本竞争力并不强。以木质颗粒燃料为例，其热值为 4500~4800kcal/kg，燃烧率最高能达到 98%，热效率约为 81%，市场批发价为 700~850 元/吨。与热值 4500~5000kcal 的动力煤450 元/吨左右的含税车板价相比，利用木质课题燃料的成本要高出 250~400 元/吨。不过，与柴油、汽油和天然气相比，固体生物质燃料在成本上有一定优势。例如，国标 0 号柴油的热值一般是 10200kcal/kg，价格在 6500 元/吨左右。由此可见，在煤炭价格大幅上涨之前，固体生物质燃料最大的潜在消费群体是那些被禁止用煤，只能以汽油、柴油或天然气为燃料的企业。

生物质液体燃料。生物液体燃料也已开始在道路交通部门中初步得到规模化应用。目前，以陈化粮为原料的定点燃料乙醇年生产能力为 132 万吨；以餐饮业废油、榨油厂油渣、油料作物为原料生产生物柴油的能力达到年产 50 万吨以上。值得注意的是，为不影响粮食安全并改善能源环境效益，我国已经确定了不扩大现有陈化粮玉米乙醇生产能力的政策，转向以木薯和甜高粱等非粮作物为原料生产燃料乙醇，并开始了商业化生产，目前在广西木薯项目的生产能力超过 20 万吨，2018 年全国燃料乙醇总产量达到 322 万吨。此外，在新一代先进生物燃料技术方面，国内企业亦正加快研发纤维素乙醇，一些企业建立了千吨级纤维素乙醇中间试验装置。

根据中粮科学研究院提供的数据，2018 年全国燃料乙醇总产量约为 322 万吨；2015 年以餐饮业废油、榨油厂油渣、油料作物为原料生产生物柴油的年生产能力达到 80 多万吨。根据国家规定，燃料乙醇价格执行同期公布的 90 号汽油出厂价乘以价格系数 0.911，据此推算出燃料乙醇价格约为 7000 元/吨，2018 年国内燃料乙醇市场规模达 225 亿元。生物柴油市场价格波动幅度较大，以 5000 元/吨的价格来计算，2015 年国内生物柴油市场规模约为 4 亿元。

生物质发电。根据采用工艺的不同，可将生物质发电分为四类：生物质锅炉直接燃烧发电、生物质-煤混合燃烧发电、生物质汽化发电和沼气发电；根据燃料的不同，又可将生物质发电分为农业生物质发电、林业生物质发电、沼气工程发电和垃圾发电。

根据国家能源局提供的资料，2017 年全国生物质发电装机容量达 1476 万千瓦，其中农林生物质发电装机容量为 700 万千瓦，垃圾发电装机容量 725 万千瓦。生物质能发电机组全年总发电量为 794 亿千瓦·时。生物质能发电上网价按 0.6 元/千瓦·时计算，全年电费收入约为 476.4 亿元。

由于生物质发电机组装机容量大都比较低，所以发电设备等方面的固定成本平均到每度电上就显得比较高。另外，用于生物质发电的农林废弃物和生活垃圾等燃料的热值都相对较低，因此需要大量燃料投入。生物质燃料收购、运输和存储成本相对较高，生物质发电的可变成本也难以较低。综合看来，生物质发电成本在 0.5 元/千瓦·时左右。单纯从成本上看，与燃煤发电相比，生物质发电目前没有任何竞争优势，几乎所有生物质发电项目都需要政府补贴。

1.2.3.6　地热能的开发利用

我国地热资源比较丰富，地热资源总量约占全球的 7.9%，可采储量相当于 4626.5 亿吨标准煤。我国高温地热资源（热储温度≥150℃）主要分布在藏南、滇西、川西以及台湾地区。我国主要以中低温地热资源为主，中低温地热资源分布广泛，几乎遍布全国各地，主要分布于松辽平原、黄淮海平原、江汉平原、山东半岛和东南沿海地区。目前全国已发现地热温泉 3000 多个，其中高于 25℃ 的约 2200 个。

我国适用于地热能发电的资源较少，目前的利用主要集中在西藏。我国自1970 年 10 月第一座实验性地热电站在广东丰顺建成投产以来，相继建成了湖南灰汤、西藏羊八井、西藏那曲及西藏郎久等地热电站，发电装机总容量27.8MW。受我国高温地热资源所限，政府目前尚未制定有关地热电站发展计划。在地热发电技术没有取得革命性突破的条件下，预计到 2020 年，国内新增地热发电装机容量不会超过 20MW，形成的投资需求低于 6000 万元。

我国地热能的热利用发展较快，主要用于采暖、热水、养殖等用途，利用量以年均 10% 的速度增长。目前我国浅层地热供暖制冷建筑面积近 8000 万平方米，预计到 2020 年全国利用浅层地热能的供暖和制冷建筑面积将达到 2 亿平方米。在 2011~2020 年间，新增浅层地热供暖制冷建筑面积约 1 亿平方米，按每平方米300 元的初装费计算，形成的市场规模约为 300 亿元。此外，作为未来的主要发展方向之一的地源热泵技术，已经在建筑节能方面开始发挥积极作用。

1.3　能源与环境

1.3.1　温室效应

温室效应是指透射阳光的密闭空间由于与外界缺乏热交换而形成的保温效应，就是太阳短波辐射可以透过大气射入地面，而地面增暖后放出的长波辐射却被大气中的二氧化碳等物质所吸收，从而产生大气变暖的效应。大气中的二氧化碳就像一层厚厚的玻璃，使地球变成了一个大暖房。据估计，如果没有大气，地表平均温度就会下降到-23℃，而实际地表平均温度为 15℃，这就是说温室效应使地表温度提高 38℃。若温室效应不断加强，全球温度也必将逐年持续升高。自工业革命以来，人类向大气中排入的二氧化碳等吸热性强的温室气体逐年增加，大气的温室效应也随之增强，已引起全球气候变暖等一系列严重问题，引起了全世界各国的高度重视。除二氧化碳以外，对产生温室效应有重要作用的气体还有甲烷、臭氧、氯氟烃以及水气等。

温室效果可以造成很严重的环境问题。科学家预测，如果地球表面温度的升高按现在的速度继续发展，到 2050 年全球温度将上升 2~4℃，南北极地冰山将大幅度融化，导致海平面大大上升，一些岛屿国家和沿海城市将淹于水中，其中包括几个著名的国际大城市：纽约、上海、东京和悉尼。同时，美国科学家近日发出警告，由于全球气温上升令北极冰层溶化，被冰封十几万年的史前致命病毒可能会重见天日，导致全球陷入疫症恐慌，人类生命受到严重威胁。

纽约锡拉丘兹大学的科学家在《科学家杂志》中指出，早前他们发现一种植物病毒 TOMV，由于该病毒在大气中广泛扩散，推断在北极冰层也有其踪迹。于是研究员从格陵兰抽取 4 块年龄由 500~14 万年的冰块，结果在冰层中发现TOMV 病毒。研究员指该病毒表层被坚固的蛋白质包围，因此可在逆境生存。这项新发现令研究员相信，一系列的流行性感冒、小儿麻痹症和天花等疫症病毒可能藏在冰块深处，目前人类对这些原始病毒没有抵抗能力，当全球气温上升令冰层溶化时，这些埋藏在冰层千年或更长时间的病毒便可能会复活，形成疫症。科学家表示，虽然他们不知道这些病毒的生存希望，或者其再次适应地面环境的机会，但肯定不能抹杀病毒卷土重来的可能性。

全球暖化使南北极的冰层迅速融化，海平面不断上升，世界银行的一份报告显示，即使海平面只小幅上升 1m，也足以导致 5600 万发展中国家人民沦为难民。而全球第一个被海水淹没的有人居住岛屿即将产生：南太平洋国家巴布亚新几内亚的岛屿卡特瑞岛，目下岛上主要道路水深及腰，农地也全变成烂泥巴地。

穿着传统服饰向来乐天知命的卡特瑞岛人，几百年来遗世独立，始终保持着传统生活模式，但人类对环境的破坏造成全球暖化，令他们将面临被海水淹没的命运。卡特瑞岛环保人士保罗塔巴锡说："他们已经持续被海洋力量攻击，还有持续不断的洪水，原有的地区都被改变了，被破坏殆尽，几乎所有的地方都被海水淹没了"。更不堪的是，沼泽湿地招致蚊子苍蝇丛生，疟疾肆虐。专家预测，过不了几年，卡特瑞岛将被完全淹没在海里，全岛居民迁村撤离势在必行。

而位于南美洲、全世界面积最大的热带雨林——亚马逊雨林正渐渐消失，让全球暖化危机雪上加霜。号称地球之肺的亚马逊雨林涵盖了地球表面 5%的面积，制造了全世界 20%的氧气及 30%的生物物种，由于遭到盗伐和滥垦，亚马逊雨林正以每年 7700 平方英里❶的面积消退，相当于一个新泽西州的大小，雨林的消退除了会让全球暖化加剧之外，更让许多只能够生存在雨林内的生物，面临灭种的危机，在过去的 40 年，雨林已经消失了两成。

全球暖化还有个非常严重的后果，就是导致冰川期来临。南极冰盖的融化导致大量淡水注入海洋，海水浓度降低。"大洋输送带"因此而逐渐停止：暖流不能到达寒冷海域，寒流不能到达温暖海域。全球温度降低，另一个冰河时代来临。北半球大部分地区被冰封，一阵接着一阵的暴风雪和龙卷风将横扫大陆。

虽然迄今为止，我们无法提出有效的解决对策，但是退而求其次，至少应该想尽办法努力抑制排放量的增长，不可听天由命任凭发展。

首先，暂订 2050 年作为目标。如果按照目前这种情势发展下去，综合各种

---

❶ 1 平方英里 = 2.589988 平方千米。

温室效应气体的影响，预计地球的平均气温届时将要提升2℃以上。一旦气温发生如此大幅提升，地球的气候将会引起重大变化。

因此为今之计，莫过于竭尽所能采取对策，尽量抑制上升的趋势。目前国际舆论也在朝此方向不断进行呼吁，而各国的研究机构亦已提出各种具体的对策方案。可惜仔细检视各种方案之后，迄今尚未发现任何一项对策足以独挑大梁解决问题。因此，遂有必要寻求一切可能性，全面考量这些对策方案究竟具有何等效果。

1.3.2　酸雨

酸雨是工业高度发展而出现的副产物，由于人类大量使用煤、石油、天然气等化石燃料，燃烧后产生的硫氧化物或氮氧化物，在大气中经过复杂的化学反应，形成硫酸或硝酸气溶胶，为云、雨、雪、雾捕捉吸收，降到地面成为酸雨。如果形成酸性物质时没有云雨，则酸性物质会以重力沉降等形式逐渐降落在地面上，这叫做干性沉降，以区别于酸雨、酸雪等湿性沉降。干性沉降物在地面遇水时复合成酸。酸云和酸雾中的酸性由于没有得到直径大得多的雨滴的稀释，因此它们的酸性要比酸雨强得多。高山区由于经常有云雾缭绕，因此酸雨区高山上森林受害最重，常成片死亡。硫酸和硝酸是酸雨的主要成分，约占总酸量的90%以上，我国酸雨中硫酸和硝酸的比例约为10∶1。

酸雨还可使农作物大幅度减产，特别是小麦，在酸雨影响下，可减产13%～34%。大豆、蔬菜也容易受酸雨危害，导致蛋白质含量和产量下降。在酸雨的作用下，土壤中的营养元素钾、钠、钙、镁会释放出来，并随着雨水被淋溶掉，所以长期的酸雨会使土壤中大量的营养元素被淋失，造成土壤中营养元素严重不足，变得贫瘠。此外，酸雨能使土壤中的铝从稳定态中释放出来，使活性铝增加而有机络合态铝减少。土壤中活性铝的增加会严重抑制林木的生长。酸雨可抑制某些土壤微生物的繁殖，降低酶活性，土壤中的固氮菌、细菌和放线菌均会明显受到酸雨的抑制。酸雨还可使森林的病虫害明显增加。在四川，重酸雨区的马尾松林的病情指数为无酸雨区的2.5倍。酸雨危害水生生物，它使许多河、湖水质酸化，导致许多对酸敏感的水生生物种群灭绝，湖泊失去生态机能，最后变成死湖。酸雨还杀死水中的浮游生物，破坏水生生态系统。

此外，酸雨还会影响人和动物的身体健康，雨、雾的酸性对眼、咽喉和皮肤的刺激，会引起结膜炎、咽喉炎、皮炎等病症。酸雨使存在于土壤、岩石中的金属元素溶解，流入河川或湖泊，最终经过食物链进入人体，影响人类的健康，酸雨的形成和危害如图 1-1 所示。

世界上许多古建筑和石雕艺术品遭酸雨腐蚀而严重损坏，如我国的乐山大佛、加拿大的议会大厦等。最近发现，北京卢沟桥的石狮和附近的石碑，五塔寺的金刚宝塔等均遭酸雨侵蚀而严重损坏。

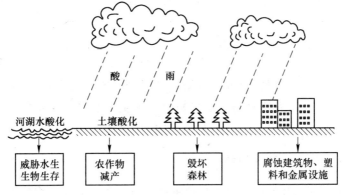

图 1-1　酸雨的形成和危害

　　酸雨的防治需要控制高硫煤的开采、运输、销售和使用，同时采取有效措施发展脱硫技术，推广清洁能源技术。在酸雨的防治过程中，生物防治可作为一种辅助手段。在污染重的地区可栽种一些对二氧化硫有吸收能力的植物，如垂山楂、洋槐、云杉、侧柏等。

　　减少酸雨主要是要减少烧煤排放的二氧化硫和汽车排放的氮氧化物。可以采取的措施有以下方面。

　　工业企业方面应采取的措施：

　　（1）采用烟气脱硫装置；

　　（2）提高煤碳燃烧的利用率。

　　社会和公民应采取的措施：

　　（1）用煤气或天然气代替烧煤；

　　（2）处处节约用电（因为大部分的电厂是燃煤发的电）；

　　（3）支持公共交通（减少车辆就可以减少汽车尾气排放）；

　　（4）购买包装简单的商品（因为生产豪华包装要消耗不少电能，而对消费者来说包装并没有任何实用价值）；

　　（5）支持废物回收再生（废物再生可以大量节省电能和少烧煤炭）。

1.3.3　臭氧层破坏

　　臭氧层空洞是指某些人工化合物如氯氟烃、氮氧化物等排入大气层后，分解了臭氧，使大气的臭氧层变薄，甚至出现巨大的"空洞"，大量的有害紫外线长驱直入，直射地面，破坏动物和植物的生理机能，影响水生生态系统，严重危害人类健康。

　　对于臭氧层破坏的原因科学家们有多种见解。有的认为，这可能跟亚马逊河地区不断出现的森林火灾有关;有的认为,臭氧洞之所以出现在两极,是极地低温造成的,美国肯塔基大学的一个科学小组则认为,臭氧水平可能是随着太阳黑子活动的自然周期而变化的。但是,多数科学家则认为,人类过多使用氟氯烃类物质是臭氧层破坏的一个主要原因。

臭氧层被大量损耗后,吸收紫外辐射的能力大大减弱,导致到达地球表面的紫外线 B 明显增加,给人类健康和生态环境带来多方面的危害,目前已受到人们普遍关注的主要有对人体健康、陆生植物、水生生态系统、生物化学循环、材料,以及对流层大气组成和空气质量等方面的影响。

1.3.3.1 对人体健康的影响

阳光紫外线 UV-B 的增加对人类健康有严重的危害作用。潜在的危险包括引发和加剧眼部疾病、皮肤癌和传染性疾病。对有些危险如皮肤癌已有定量的评价,但其他影响如传染病等目前仍存在很大的不确定性。

实验证明紫外线会损伤角膜和眼晶体,如引起白内障、眼球晶体变形等。据分析,平流层臭氧减少 1%,全球白内障的发病率将增加 0.6%~0.8%,全世界由于白内障而引起失明的人数将增加 10000~15000 人;如果不对紫外线的增加采取措施,从现在到 2075 年,UV-B 辐射的增加将导致大约 1800 万例白内障病例的发生。

紫外线 UV-B 段的增加能明显地诱发人类常患的三种皮肤疾病。这三种皮肤疾病中,巴塞尔皮肤瘤和鳞状皮肤瘤是非恶性的。利用动物实验和人类流行病学的数据资料得到的最新研究结果显示,若臭氧浓度下降 10%,非恶性皮肤瘤的发病率将会增加 26%。另外的一种皮肤疾病是恶性黑瘤,恶性黑瘤是非常危险的皮肤病,科学研究也揭示了 UV-B 段紫外线与恶性黑瘤发病率的内在联系,这种危害对浅肤色的人群特别是儿童期尤其严重。

1.3.3.2 对陆生植物的影响

臭氧层损耗对植物的危害机制目前尚不如其对人体健康的影响清楚,但研究表明,在已经研究过的植物品种中,超过 50% 的植物有来自 UV-B 的负影响,比如豆类、瓜类等作物,另外某些作物如土豆、番茄、甜菜等的质量将会下降。

植物的生理和进化过程都受到 UV-B 辐射的影响,甚至与当前阳光中 UV-B 辐射的量有关。植物也具有一些缓解和修补这些影响的机制,在一定程度上可适应 UV-B 辐射的变化。不管怎样,植物的生长直接受 UV-B 辐射的影响,不同种类的植物,甚至同一种类不同栽培品种的植物对 UV-B 的反应都是不一样的。在农业生产中,就需要种植耐受 UV-B 辐射的品种,并同时培养新品种。对森林和草地,可能会改变物种的组成,进而影响不同生态系统的生物多样性分布。

UV-B 带来的间接影响,例如植物形态的改变,植物各部位生物质的分配,各发育阶段的时间及二级新陈代谢等可能跟 UV-B 造成的破坏作用同样大，甚至更为严重。这些对植物的竞争平衡、食草动物、植物致病菌和生物地球化学循环等都有潜在影响。这方面的研究工作尚处于起步阶段。

1.3.3.3 对水生生态系统的影响

世界上 30% 以上的动物蛋白质来自海洋，满足人类的各种需求。在许多国家，尤其是发展中国家，这一比例往往还要高。因此很有必要知道紫外辐射增加后对水生生态系统生产力的影响。

此外，海洋在与全球变暖有关的问题中也具有十分重要的作用。海洋浮游植物的吸收是大气中二氧化碳的一个重要去除途径，它们对未来大气中二氧化碳浓度的变化趋势起着决定性的作用。海洋对 CO_2 气体的吸收能力降低，将导致温室效应的加剧。

海洋浮游植物并非均匀分布在世界各大洋中，通常高纬度地区的密度较大，热带和亚热带地区的密度要低 $10 \sim 100$ 倍。除可获取的营养物、温度、盐度和光外，在热带和亚热带地区普遍存在的阳光 UV-B 的含量过高的现象也在浮游植物的分布中起着重要作用。浮游植物的生长局限在光照区，即水体表层有足够光照的区域，生物在光照区的分布地点受到风力和波浪等作用的影响。另外，许多浮游植物也能够自由运动以提高生产力来保证其生存，暴露于阳光 UV-B 下会影响浮游植物的定向分布和移动，因而减少这些生物的存活率。

1.3.3.4 对生物化学循环的影响

阳光紫外线的增加会影响陆地和水体的生物地球化学循环，从而改变地球-大气这一巨系统中一些重要物质在地球各圈层中的循环，如温室气体和对化学反应具有重要作用的其他微量气体的排放和去除过程，包括二氧化碳（CO_2）、一氧化碳（CO）、氧硫化碳（COS）及 O_3 等。这些潜在的变化将对生物圈和大气圈之间的相互作用产生影响。

对陆生生态系统，增加的紫外线会改变植物的生成和分解，进而改变大气中重要气体的吸收和释放。当紫外线 B 光降解地表的落叶层时，这些生物质的降解过程被加速；而当主要作用是对生物组织的化学反应而导致埋在下面的落叶层光降解过程减慢时，降解过程被阻滞。植物的初级生产力随着 UV-B 辐射的增加而减少，但对不同物种和某些作物的不同栽培品种来说影响程度是不一样的。

在水生生态系统中阳光紫外线也有显著的作用。这些作用直接造成 UV-B 对水生生态系统中碳循环、氮循环和硫循环的影响。UV-B 对水生生态系统中碳循环的影响主要体现于 UV-B 对初级生产力的抑制。在几个地区的研究结果表明，现有 UV-B 辐射的减少可使初级生产力增加，由南极臭氧洞的发生导致全球 UV-B

辐射增加后，水生生态系统的初级生产力受到损害。除对初级生产力的影响外，阳光紫外辐射还会抑制海洋表层浮游细菌的生长，从而对海洋生物地球化学循环产生重要的潜在影响。阳光紫外线促进水中溶解的有机质（DOM）的降解，使得所吸收的紫外辐射被消耗，同时形成溶解无机碳（DIC）、CO 以及可进一步矿化或被水中微生物利用的简单有机质等。UV-B 增加对水中的氮循环也有影响，它们不仅抑制硝化细菌的作用，而且可直接光降解像硝酸盐这样的简单无机物种。UV-B 对海洋中硫循环的影响可能会改变 COS 和二甲基硫（DMS）的海-气释放，这两种气体可分别在平流层和对流层中被降解为硫酸盐气溶胶。

1.3.3.5 对材料的影响

因平流层臭氧损耗导致阳光紫外辐射的增加会加速建筑、喷涂、包装及电线电缆等所用材料，尤其是高分子材料的降解和老化变质。特别是在高温和阳光充足的热带地区，这种破坏作用更为严重。由于这一破坏作用造成的损失估计全球每年达到数十亿美元。

无论是人工聚合物，还是天然聚合物以及其他材料都会受到不良影响。当这些材料尤其是塑料用于一些不得不承受日光照射的场所时，只能靠加入光稳定剂或进行表面处理以保护其不受日光破坏。阳光中 UV-B 辐射的增加会加速这些材料的光降解，从而限制了它们的使用寿命。研究结果已证实短波 UV-B 辐射对材料的变色和机械完整性的损失有直接的影响。

1.3.3.6 对对流层大气组成及空气质量的影响

平流层臭氧的变化对对流层的影响是一个十分复杂的科学问题。一般认为平流层臭氧减少的一个直接结果是使到达低层大气的 UV-B 辐射增加。由于 UV-B 的高能量，这一变化将导致对流层的大气化学更加活跃。

首先，在污染地区如工业和人口稠密的城市，即氮氧化物浓度较高的地区，UV-B 的增加会促进对流层臭氧和其他相关的氧化剂如过氧化氢（H_2O_2）等的生成，使得一些城市地区臭氧超标率大大增加。而与这些氧化剂的直接接触会对人体健康、陆生植物和室外材料等产生各种不良影响。在那些较偏远的地区，即 NO_x 的浓度较低的地区，臭氧的增加较少甚至还可能出现臭氧减少的情况。但不论是污染较严重的地区还是清洁地区，H_2O_2 和—OH 自由基等氧化剂的浓度都会增加。其中 H_2O_2 浓度的变化可能会对酸沉降的地理分布带来影响，结果是污染向郊区蔓延，清洁地区的面积越来越少。

其次，对流层中一些控制着大气化学反应活性的重要微量气体的光解速率将提高，其直接的结果是导致大气中重要自由基浓度如—OH 自由基的增加。—OH 自由基浓度的增加意味着整个大气氧化能力的增强。—OH 自由基浓度的增加会使甲烷和 CFC 替代物如 HCFCs 和 HFCs 的浓度成比例的下降，从而对这些温室气体的气候效应产生影响。

而且，对流层反应活性的增加还会导致颗粒物生成的变化，例如云的凝结核，由来自人为源和天然源的硫（如氧硫化碳和二甲基硫）的氧化和凝聚形成。尽管目前对这些过程了解得还不十分清楚，但平流层臭氧的减少与对流层大气化学及气候变化之间复杂的相互关系正逐步被揭示。

1.3.4 热污染

由于人类的某些活动，使局部环境或称全球环境发生增温，并可能对人类和生态系统产生直接或间接、即时或潜在的危害的现象可称为热污染。对于环保的热污染问题，主要讨论废热排放的影响和治理。

热污染主要来自能源消费，如发电、冶金、化工和其他工业生产。

按照热力学定律来看，人类使用的全部能量最终将转化为热。通过燃料燃烧和化学反应等过程产生的热量，一部分转化为产品形式，一部分以废热形式直接排入环境。转化为产品形式的热量，最终也要通过不同的途径，释放到环境中。以火力发电的热量为例：在燃料燃烧的能量中，40%转化为电能，12%随烟气排放，48%随冷却水进入到水体中。在核电站，能耗的33%转化为热能，其余67%均变为废热全部转入到水中。在工业发达的美国，每天所排放的冷却用水达 4.5 亿立方米，接近全国用水量的 1/3；废热水含热量约 2500 亿千卡，足够 2.5 亿立方米的水温升高 10℃。

由以上数据可以看出，各种生产过程排放的废热，大部分转入水中，这些温度较高的水排入水体，形成对水体的热污染。电力工业是排放温热水量最多的行业，据统计，排进水体的热量，有 80% 来自发电厂。

由于废热气体在废热排放总量中所占比例较小，因此，它对大气环境的影响表现不太明显，而温热水的排放量大，排入水体后会在局部范围内引起水温的升高，使水质恶化，对水生物圈和人的生产、生活活动造成危害，其危害主要表现在以下几个方面：

（1）影响水生生物的生长。水温升高，影响鱼类生存。在高温条件时，鱼在热应力的作用下发育受阻，严重时，导致死亡；水温的升高，降低了水生动物的抵抗力，破坏水生动物的正常生存。

（2）导致水中溶解氧降低。水温较高时，由亨利定律可知，水中溶解氧浓度降低，如在蒸馏水中，DO 在水温为 0℃ 时为 14.62mg/L，20℃ 时为 9.17mg/L，升高到 30℃ 时，DO 降低至 7.63mg/L；与此同时，鱼及水中动物代谢率增高，它们消耗更多的溶解氧，此时溶解氧的减少，势必对鱼类生存形成更大的威胁。

（3）藻类和湖草大量繁殖。水温升高时，藻类与湖草大量繁殖，消耗了水中的溶解氧，影响鱼类和其他水生动物的生存。同时，水温升高，藻类种群将发生改变。在具有正常混合藻类种群的河流中，在20℃时硅藻占优势，在30℃时绿藻占优势，在35~40℃时蓝藻占优势。蓝藻占优势时，则发生水污染，即水华，所以，热污染会加速富营养化进程。蓝藻可引起水体味道异常，并能分泌一种藻毒素，对婴幼儿的肝肾等造成伤害，尤其能伤害胎儿的内脏等，而且是一种致癌物质。太湖严重的水污染事件就是由蓝藻爆发引起的。

（4）水体中化学反应加快。水温每升高10℃，化学反应速率可加快1倍。

对于热污染的防治工作，主要应在以下几个方面进行：

（1）废热的综合利用。充分利用工业的余热，是减少热污染的最主要措施。生产过程中产生的余热种类繁多，有高温烟气余热、高温产品余热、冷却介质余热和废气废水余热等。这些余热都是可以利用的二次能源。我国每年可利用的工业余热相当于5000万吨标准煤的发热量。在冶金、发电、化工、建材等行业，通过热交换器利用余热来预热空气、原燃料、干燥产品、生产蒸气、供应热水等。此外还可以调节水田水温，调节港口水温以防止冻结。

对于冷却介质余热的利用方面主要是电厂和水泥厂等冷却水的循环使用，改进冷却方式，减少冷却水排放。对于压力高、温度高的废气可通过汽轮机等动力机械直接将热能转为机械能。

（2）利用温排水冷却技术减少温排水。电力等工业系统的温排水，主要来自工艺系统中的冷却水，对排放后造成热污染的这种冷却水，可通过冷却的方法使其降温，降温后的冷水可以回用到工业冷却系统中重新使用。可用冷却塔冷却或用冷却池冷却，比较常用的为冷却塔冷却。在塔内，喷淋的温水与空气对流流动，通过散热和部分蒸发达到冷却的目的。冷却回用的方法，既节约了水资源，又可向水体不排或少排热水，减少了热污染。

（3）加强隔热保温，防止热损失。在工业生产中，有些窑体要加强保温、隔热措施，以降低热损失，如水泥窑筒体用硅酸铝毡、珍珠岩等高效保温材料，既减少热散失，又降低水泥熟料热耗。

（4）寻找新能源。利用水能、风能、地能、潮汐能和太阳能等新能源，即解决了污染物，又是防止和减少热污染的重要途径。特别是太阳能的利用上，各国都投入大量人力和财力进行研究，取得了一定的效果。

习　题

1-1 社会的发展对于能源的需求越来越大，能源的开发和利用等必然会带来一定的环境问题，请思考如何才能平衡发展和环境保护的关系。

2 能源品质与能量转换

2.1 能量守恒的规律

各种能量形式互相转换是有方向和条件限制的，能量互相转换时其量值不变，表明能量是不能被创造或消灭的。能量既不会凭空产生，也不会凭空消失，它只能从一种形式转化为其他形式，或者从一个物体转移到另一个物体，在转化或转移的过程中，能量的总量不变。这就是能量守恒定律，如今被人们普遍认同。

要详细了解能量守恒定律内容，我们要首先了解能量，关于能量的理解我们要特别注意以下几点：

（1）自然界中不同的能量形式与不同的运动形式相对应：物体运动具有机械能，分子运动具有内能，电荷的运动具有电能，原子核内部运动具有原子能等。

（2）不同形式的能量之间可以相互转化："摩擦生热是通过克服摩擦做功将机械能转化为内能；水壶中的水沸腾时水蒸气对壶盖做功将壶盖顶起，表明内能转化为机械能；电流通过电热丝做功可将电能转化为内能等"。这些实例说明了不同形式的能量之间可以相互转化，且是通过做功来完成的这一转化过程。

（3）某种形式的能减少，一定有其他形式的能增加，且减少量和增加量一定相等。某个物体的能量减少，一定存在其他物体的能量增加，且减少量和增加量一定相等。

能量守恒定律，是自然界最普遍、最重要的基本定律之一。从物理、化学到地质、生物，大到宇宙天体，小到原子核内部，只要有能量转化，就一定服从能量守恒的规律。从日常生活到科学研究、工程技术，这一规律都发挥着重要的作用。人类对各种能量，如煤、石油等燃料以及水能、风能、核能等的利用，都是通过能量转化来实现的。能量守恒定律是人们认识自然和利用自然的有力武器。

2.1.1 能量守恒和转化定律的发现

能量守恒和能量转化定律与细胞学说、进化论合称 19 世纪自然科学的三大发现。而其中能量守恒和转化定律的发现，却是和一个"疯子"医生联系起来的。这个被称为"疯子"的医生名叫迈尔（J. R. Mayer，1814~1878），德国汉堡人，1840年开始在汉堡独立行医。他对万事总要问个为什么，而且必亲自观察，研究，实验。1840年2月22日，他作为一名随船医生跟着一支船队来到印度。一日，船队在加尔各答登陆，船员因水土不服都生起病来，于是迈尔依老办法给船员们放血治疗。在德国，医治这种病时只需在病人静脉血管上扎一针，就会放出一股黑红的血来，可是在这里，从静脉里流出的仍然是鲜红的血。于是，迈尔开始思考：人的血液所以是红的是因为里面含有氧，氧在人体内燃烧产生热量，维持人的体温。这里天气炎热，人要维持体温不需要燃烧那么多氧了，所以静脉里的血仍然是鲜红的。那么，人身上的热量到底是从哪来的？顶多500g的心脏，它的运动根本无法产生如此多的热，无法光靠它维持人的体温。那体温是靠全身血肉维持的了，而这又靠人吃的食物而来，不论吃肉吃菜，都一定是由植物而来，植物是靠太阳的光热而生长的。太阳的光热呢？太阳如果是一块煤，那么它能烧4600年，这当然不可能，那一定是别的原因了，是我们未知的能量了。他大胆地推出，太阳中心约2750万摄氏度（现在我们知道是1500万摄氏度）。迈尔越想越多，最后归结到一点：能量如何转化（转移）？

　　他一回到汉堡就写了一篇《论无机界的力》，并用自己的方法测得热功当量为365kgf·m/kcal。他将论文投到《物理年鉴》，却得不到发表，只好发表在一本名不见经传的医学杂志上。他到处演说："你们看，太阳挥洒着光与热，地球上的植物吸收了它们，并生出化学物质……"可是即使物理学家们也无法相信他的话，很不尊敬地称他为"疯子"，而迈尔的家人也怀疑他疯了，竟要请医生来医治他。他不仅在学术上不被人理解，而且又先后经历了生活上的打击，幼子逝世，弟弟也因革命活动受到牵连，在一连串的打击后，迈尔于1849年从三层楼上跳下自杀，但是未遂，却造成双腿伤残，从而成了跛子。随后他被送到哥根廷精神病院，遭受了8年的非人折磨。1858年，世界又重新发现了迈尔，他从精神病院出来以后，被瑞士巴塞尔自然科学院授为荣誉博士。晚年的迈尔也可以说是苦尽甘来，他获得了英国皇家学会的科普利奖章，还获得了蒂宾根大学的荣誉哲学博士、巴伐利亚和意大利都灵科学院院士的称号，1878年3月20日迈尔在海尔布逝世。

　　和迈尔同时期研究能量守恒的还有一个英国人——焦耳（J. P. Joule，1818~1889），他自幼在道尔顿门下学习化学、数学、物理，他一边经营父亲留下的啤酒厂，一边搞科学研究。1840年，他发现将通电的金属丝放入水中，水会发热，通过精密的测试，他发现：通电导体所产生的热量与电流强度的平方、导体的电阻和通电时间成正比。这就是焦耳定律。1841年10月，他的论文在《哲学杂志》上刊出。随后，他又发现无论化学能还是电能所产生的热都相当于一定功，即460kgf·m/kcal。1845年，他带上自己的实验仪器及报告，参加在剑桥举行的学术会议。他当场做完实验，并宣布：自然界的力（能）是不能毁灭的，哪里消耗了机械力（能），总得到相当的热。可台下那些赫赫有名的大科学家对这种新理论都摇头，连法拉第也说："这不太可能吧。"更有一个叫威廉·汤姆孙（W. Thomson，1824~1907）的数学教授，他8岁随父亲去大学听课，10岁正式考入该大学，乃是一位奇才，而今天听到一个啤酒匠在这里乱嚷一些奇怪的理论，就非常不礼貌地当场退出会场。

焦耳不把人们的不理解放在心上，他回家继续做着实验，这样一直做了40年，他把热功当量精确到了423.9kg·m/kcal。1847年，他带着自己新设计的实验又来到英国科学协会的会议现场。在他极力恳求下，会议主席才给他很少的时间让他只做实验，不做报告。焦耳一边当众演示他的新实验，一边解释："你们看，机械能是可以定量地转化为热的，反之1千卡的热也可以转化为423.9千克力米的功……"突然，台下有人大叫道："胡说，热是一种物质，是热素，他与功毫无关系"，这人正是汤姆孙。焦耳冷静地回答道："热不能做功，那蒸汽机的活塞为什么会动？能量要是不守恒，永动机为什么总也造不成？"焦耳平淡的几句话顿时使全场鸦雀无声。台下的教授们不由得认真思考起来，有的对焦耳的仪器左看右看，有的就开始争论起来。

汤姆孙碰了钉子后，也开始思考，他自己开始做试验，没想到竟发现了迈尔几年前发表的那篇文章，其思想与焦耳的完全一致！他带上自己的试验成果和迈尔的论文去找焦耳，他抱定负荆请罪的决心，要请焦耳共同探讨这个发现。

在啤酒厂里汤姆孙见到了焦耳，看着焦耳的试验室里各种自制的仪器，他深深为焦耳的坚韧不拔而感动。汤姆孙拿出迈尔的论文，说道："焦耳先生，看来您是对的，我今天是专程来认错的。您看，我是看了这篇论文后，才感到您是对的。"焦耳看到论文，脸上顿时喜色全失："汤姆孙教授，可惜您再也不能和他讨论问题了。这样一个天才因为不被人理解，已经跳楼自杀了，虽然没摔死，但已经神经错乱了。"汤姆孙低下头，半天无语。一会儿，他抬起头，说道："真的对不起，我这才知道我的罪过，过去，我们这些人给了您多大的压力呀，请您原谅，一个科学家在新观点面前有时也会表现得很无知的。"一切都变得光明了，两人并肩而坐，开始研究起实验来。1853年，两人终于共同完成能量守恒和转化定律的精确表述。

2.1.2 能量的转化和守恒定律有三种表述

"永动机不能造成，能量的转化和守恒定律及热力学第一定律"这三种表述在文献中是这样叙述的："热力学第一定律就是能量守恒定律。""根据能量守恒定律，所谓永动机是一定造不成的。反过来，由永动机的造不成也可导出能量守恒定律。"这里不难看出，三种表述是完全等价的。这种等价是现代人赋予它们的现代价值，若从历史发展的角度来考查就会发现，三种表述另有它连续性的一面，但还有差异性的一面。这种差异反映了人类认识定律的不同阶段。

2.1.2.1　定律的经验性表述——永动机是不可能造成的（1475～1824）

很早以前，人类就开始利用自然力为自己服务，大约到了13世纪，开始萌发了制造永动机的愿望。到了15世纪，伟大的艺术家、科学家和工程师达·芬奇（Leonardo di ser Piero da Vinci，1452～1519），也投入了永动机的研究工作。他曾设计过一台非常巧妙的水动机，但造出来后它并没永动下去。1475年，达·芬奇认真总结了历史上的和自己的失败教训，得出了一个重要结论："永动机是不可能造成的。"在工作中他还认识到，机器之所以不能永动下去，应与摩擦有关。于是，他对摩擦进行了深入而有成效的研究。但是，达·芬奇始终没有，也不可能对摩擦为什么会阻碍机器运动做出科学解释，即他不可能意识到摩擦（机械运动）与热现象之间转化的本质联系。

此后，虽然人们还是致力于永动机的研制，但也有一部分科学工作者相继得出了"永动机是不可能造成的"结论，并把它作为一条重要原理用于科学研究之中。荷兰的数学力学家西蒙·斯台文（Simon Stevin，1548～1620），于1586年运用这一原理通过对"斯台文链"的分析，率先引出了力的平行四边形定则。伽利略在论证惯性定律时也应用过这一原理。

尽管原理的运用已取得了如此显著的成绩，但人们研制永动机的热情不减。惠更斯（C. Huygens，1629～1695）在他1673年出版的《摆式时钟》一书中就反映了这种观点。书中，他把伽利略关于斜面运动的研究成果运用于曲线运动，从而得出结论：在重力作用下，物体绕水平轴转动时，其质心不会上升到它下落时的高度之上。因而，他得出用力学方法不可能制成永动机的结论；但他却认为用磁石大概还是能造出永动机来的。针对这种情况，1775年，巴黎科学院不得不宣布：不再受理关于永动机的发明。

历史上，运用"永动机是不可能制成"的这一原理在科研上取得最辉煌成就的是法国青年科学家卡诺（Sadi Carnot，1796～1832）。1824年，他将该原理与热质说结合推出了著名的"卡诺定理"。定理为提高热机效率指明了方向，也为热力学第二定律的提出奠定了基础。但这里要特别强调的是，卡诺虽然将永动机不能造成的原理运用于热机，但他的思想方法还是"机械的"。他在论证时将热从高温热源向低温热源的流动同水从高处向低处流动类比，认为热推动热机做功就像水推动水轮机做功一样，水和热在流动中并无任何损失。

可见，从1475年达·芬奇提出"永动机是不可能造成的"起到1824年卡诺推出"卡诺定理"止，原理只能在机械运动和"热质"流动中运用，它远不是现代意义上的能量的转化和守恒定律，它只能是机械运动中的能量守恒的经验总结，是定律的原始形态。

2.1.2.2 定律的初期表述——力的守恒（1824～1850）

"能量的转比和守恒定律"的提出必须建立在 134 三个基础之上：对热的本质的正确认识，对物质运动的各种形式之间的转化的发现，相应的科学思想。到19 世纪，这三个条件都具备了。

1798 年，伦福特（C. Rumford，1753～1814）向英国皇家学会提交了由炮筒实验得出的热的运动说的实验报告。1800 年，戴维（D. H. Davy，1778～1829）用真空中摩擦冰块使之溶化的实验支持了伦福特的报告。1801 年，托马斯·杨（Thomas Young，1773～1829）在《论光和色的理论》中，称光和热有相同的性质，强调了热是一种运动。从此，热的运动说开始逐步取代热质说。

18 世纪与 19 世纪之交，各种自然现象之间的相互转化又相继发现：在热向功的转化和光的化学效应发现之后，1800 年发现了红外线的热效应。电池刚发明，就发现了电流的热效应和电解现象。1820 年，发现电流的磁效应，1831 年发现电磁感应现象。1821 年发现热电现象，1834 年发现其逆现象。

18 世纪与 19 世纪之交，把自然看成是"活力"的思想在德国发展成为"自然哲学"。这种哲学把整个宇宙视为某种根源性的力的发现而引起的历史发展的产物。由这种观点看来，一切自然力都可以看作是一种东西。当时，这种哲学思想在德国和西欧一些国家占有支配地位。

历史上，最早提出热功转换的是卡诺。他认为："热无非是一种动力，或者索性是转换形式的运动。热是一种运动。对物体的小部分来说，假如发生了动力的消灭，那么与此同时，必然产生与消灭的动力量严格成正比的热量。相反地，在热消灭之处，就一定产生动力。因此可以建立这样的命题：动力的量在自然界中是不变的，更确切地说，动力的量既不能产生，也不能消灭。"同时他还给出了热功当量的粗略值。

可惜，卡诺的这一思想是在他死了 46 年以后的 1878 年才被人们发现的。而这之前的 1842 年，德国的迈尔最先发表了比较全面的《力的守恒》的论文《论无机界的力》。文中他从"自然哲学"出发，以思辩的方式，由"原因等于结果"的因果链演释出 25 种力的转化形式。1845 年，他还用定压比热容与定容比热容之差：$C_p - C_v = R$，计算出热功当量值为 $1cal = 365g \cdot m$。

1843 年，英国实验物理学家焦耳在《哲学杂志》上发表了他测量热功当量的实验报告。此后，他还进行了更多更细的工作，测定了更精确的当量值。1850 年，他发表的结果是："要产生一磅水（在真空中称量，其温度在 55℃ 和 60℃ 之间）增加 1℉ 的热量，需要消耗 772lb 下落 1ft 所表示的机械功。"焦耳的工作为"力的守恒"原理奠定了坚实的实验基础。

德国科学家亥姆霍兹于 1847 年发表了他的著作《论力的守恒》。文中，他提出了一切自然现象都应用中心力相互作用的质点的运动来解释。由此证明了活力与张力之和对中心力守恒的结论。进而，他还讨论了热现象、电现象、化学现象与机械力的关系，并指出了把"力的守恒"原理运用到生命机体中去的可能性。由于亥姆霍兹的论述方式很有物理特色，故他的影响要比迈尔和焦耳大。

虽然，到此为止，定律的发现者们还是把能量称作"力"，而且定律的表述也不够准确，但实质上他们已发现了能量的转化和守恒定律了。将两种表述比较，可以看出："力的守恒"比"永动机不能造成"要深刻得多。"力的守恒"涉及的是当已认识到的物质的一切运动形式；同时，它是在一定的哲学思想指导下（迈尔），在实验的基础上（焦耳），用公理化结构（亥姆霍兹）建立起的理论。如果现在仍用"永动机不能造成"来表述定律的话，那已赋予它新的内涵了，即现在的机器可以是机械的，也可以是热的，电磁的、化学的，甚至可以是生物的了；同时，永动机不能永动的原因也得到揭示。

另外，也要看到，"力的守恒"原理虽然有焦耳的热功当量和电热当量的关系式，还有亥姆霍兹推出的各种关系式，但它们都是各自独立的，还没能用一个统一的解析式来表述。因此"力的守恒"还是不够成熟的。

2.1.2.3　定律的解析表述——热力学第一定律（1850~1875）

要对定律进行解析表述，只有对"热量""功""能量"和"内能"这些概念的准确定义才行。

"热量"的概念早在 18 世纪就给出了，就是热质的量。1829 年，蓬斯莱（J. V. Poncelet，1788~1867）在研究蒸汽机的过程中，明确定义了功为力和距离之积。而"能量"的概念则是 1717 年 J·伯努力（J. Bernoulli，1667~1748）在论述虚位移时就采用过了的。托马斯·杨于 1805 年就把力称为能量，用过了的。托马斯·杨于 1805 年就把力称为能量，由此定义了杨氏模量。但他们的定义一直未被人们接受，难怪迈尔、焦耳和亥姆霍兹还用"力"来称为能量。这对定律的表述极不利，再加上热质说的影响还远未肃清，因此"力的守恒"原理一直不为大多数人所接受。当然，也有一批有识之士认识到定律的重大意义并为它的完善进行了卓有成效的工作。其中最著名的是英国的威廉·汤姆孙和德国的克劳修斯（R. Clausius，1822~1888）正是他们在前人的基础上提出了热力学第一和第二定律，由此建立了热力学理论体系的大厦。

1850 年，克劳修斯在德文版《物理学和化学年报》第 79 卷上，发表了《论热的动力和能由此推出的关于热学本身的定律》的论文。文中指出：卡诺定理是正确的，但要用热运动说并加上另外的方法证明才行。他认为，单一的原理即

"在一切由热产生功的情况，有一个和产生功成正比的热量被消耗掉，反之，通过消耗同样数量的功也能产生这样数量的热"是不够的；还得加上一个原理即"没有任何力的消耗或其他变化的情况下，就把任意多的热量从一个冷体移到热体，这与热素来的行为相矛盾"来论证。

1853 年，汤姆孙重新提出了能量的定义。他是这样说的："我们把给定状态中的物质系统的能量表示为：当它从这个给定状态无论以什么方式过渡到任意一个固定的零态时，在系统外所产生的用机械功单位来度量的各种作用之和。"他还把态函数 U 称为内能。直到这时，人们才开始把牛顿的"力"和表征物质运动的"能量"区别开来，并广泛使用。在此基础上，苏格兰的物理学家兰金（W. J. M. Rankine，1820～1872）才把"力的守恒"原理改称为"能量守恒"原理。

热力学理论建立之后，很多人还是觉得不好理解，尤其是第二定律。为此，从 1854 年起，克劳修斯做了大量的工作，努力寻找一种为人们容易接受的证明方法来解释这两条原理（当时还是叫原理），并多次用通俗的语言进行宣讲。这样，直到 1860 年左右，能量原理才被人们普遍承认。

2.1.2.4　定律的准确表述——能量的转化和守恒定律（1875～1909）

1860 年后，能量定律很快成为全部自然科学的基石。特别是在物理学中，每一种新的理论首先要检验它是否跟能量守恒原理相符合。但是，时至那时，原理的发现者们还只是着重从量的守恒上去概括定律的名称，而没强调运动的转化。那到底是什么时候原理才被概括成"能量的转化和守恒定律"的呢？从恩格斯在《反杜林论》的一段论述中，可以得到问题的答案。

恩格斯说："如果说，新发现的、伟大的运动基本规律，十年前还仅仅概括为能量守恒定律，仅仅概括为运动不生不灭这种表述，就是说，仅仅从量方面概括它，那么这种狭隘的、消极的表述日益被那种关于能量的转化的积极表述所代替，在这里过程的质的内容第一次获得了自己的权利"。恩格斯这段话发表于 1885 年，他说十年前消极表述日益被积极表述所代替，由此判断，"能量的转化和守恒定律"这一准确而完善的表述应形成于 1875 年或稍后一点。

到此为止，似乎有关定律的一切问题都解决了。其实不然。我们知道，直到 20 世纪初，热力学中的一个重要基本概念——热量还是沿用的 18 世纪的定义，而这个定义是以热质说为基础的。也就是说，在热力学大厦的基石中还有一块是不牢固的。因此，1909 年，喀喇氏（C. Caratheeodory）对内能进行了重新定义："任何一个物体或物体系在平衡态有一个态函数 U，叫做它的内能，当这个物体从第一态（U_1）经过一个绝热过程到第二态后（U_2），它的内能的增加等于在过程中外界对它所做的功 W。"

$$U_2 - U_1 = W$$

这样定义的内能就与热量毫不相关了，它只与机械能和电磁能有关。在这一基础上可以反过来定义热量：

$$Q = U_2 - U_1 - W$$

直到这个时候，热力学第一定律（能量的转化和守恒定律）、第二定律及整个热力学理论才同热质说实行了最彻底的决裂。

能量守恒定律至今仍然是力学乃至整个自然科学的重要定律，不过它仍然会发展。1905 年爱因斯坦（Albert Einstein，1879~1955）发表了阐述狭义相对论的著名论文《关于光的产生和转化的一个启发性的观点》中揭示了质能守恒定律，即在一个孤立系统内，所有粒子的相对论动能与静能之和在相互作用过程中保持不变，称为质能守恒定律。

2.2 㶲 平 衡

㶲（exergy），可以定义为热力系统在只与环境（自然界）发生作用而不受外界其他影响的前提下，可逆地变化到环境状态时所能做出的最大有用功。㶲表征了热力系统所具有的能量转变为机械能的能力，因此可以用来评价能量的质量，或品位、能级。数量相同而形式不同的能量，㶲大者其能的品位高或能质高；㶲少的能的品位低或能质差。机械能、电能的能质高，而热能则是低品质的能量，热能之中，温度高的热能比温度低的热能品位高。根据热力学第二定律，高品质的能量总是能够自发地转变为低品质的能量，而低品质的能量永远不可能转变成为高品质的能量。因此按品位用能是进行能量系统的㶲分析所得到的第一个结论，也是能源工作者的基本守则之一。

在动力系统中（动力与动力系统，这里是指 power 和 power system，而不是 dynamics 和 dynamic system），㶲分析正确地给出了可用能损失情况，为人们正确地改进动力循环、提高其热效率指明了途径。在仅考虑热能直接利用的情况下，虽然不存在热能与机械能转换的问题，但㶲分析仍然具有重要的意义，它可以指明如何充分地利用热能，典型的例子就是燃煤供热系统的㶲分析结果：如果采用"热电联产+热泵系统"来代替燃煤直接供热的话，理论上可以获得比煤的热值多 0.5~1 倍的供热量，甚至更多（图 2-1）。

但是㶲分析忽视了炕的使用。炕虽然不能用来做功以获得动力，却可以用来加热、取暖，而在㶲分析中不能得到所供应能量中的炕有多少得到了利用的信息。对于复杂系统进行㶲分析，可能得到重要的、不寻常的结论。借鉴中国工程院院士陆钟武教授所提出的系统节能和载能体的概念，对全工序、全流程、全行

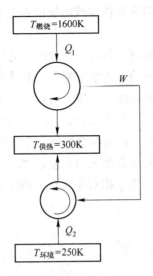

图 2-1 㶲分析结果

业或全地区进行比较仔细的㶲分析，可能在能源利用方面提出新的见解。

　　能源的利用与环境污染是密不可分的，系统节能理论也好，能源技术经济学也好，都提倡从全系统的角度综合评价能源的利用，而从经济性角度考虑，节能的经济性不一定好（实际上大部分都不好），如果把能源利用对环境造成的污染也折算成经济性指标与节能一同考虑，结论一定会大相径庭。

2.2.1 㶲的概念

　　各种不同形式的能量的转换能力是不同的。在周围环境条件下任一形式的能量中理论上能够变为有用功的那部分能量称为该能量的㶲（可用能、有效能、做功能力），不能够变为有用功的那部分能量称为该能量的㶲（anerey），㶲不能转换为㶲，它相当于周围自然环境的能量。

能量 = 㶲 + 㶲

　　在任何能量的转换过程中㶲和㶲的总和保持不变（热力学第一定律）。㶲可以转换为㶲，而㶲不可以转化为㶲（热力学第二定律）。

2.2.2 自然环境与环境状态

　　环境的性质作为基准状态是影响㶲值大小的重要因素。实际的环境并不是均匀、稳定和平衡（热平衡、力平衡、化学平衡，哪个都达不到）的，在太阳能、地热能和引力的作用下不断地发生着变化，能量和物质不断地聚集、转换和耗散。为研究方便起见，我们忽略这些变化和不平衡，把周围的自然环境包括大气、海洋甚至地壳的外层当做一个具有恒定压力 p_0、恒定温度 T_0 和恒定化学组成的无限大的物质系统，即使有物质或能量出入也不会改变其压力、温度和化学组成。

当系统与环境处于平衡时，可以是完全的热力学平衡，即热平衡、力平衡和化学平衡，也可以是不完全的热力学平衡，仅有热平衡和力平衡，或者说，环境基准状态可以有不同的选取方法。当研究内容不必考虑化学反应因素时，取仅有热平衡和力平衡的环境状态为基准状态可以减少问题的烦琐程度，此时被研究的热力系统的㶲可称为物理㶲。否则需要按照完全的热力学平衡状况确定的基准状态进行分析，此时被研究的热力系统的㶲包括物理㶲和化学㶲。一个系统的能量的化学㶲是系统在 p_0、T_0 条件下相对于完全平衡环境状态因为化学不平衡所具有的㶲。

2.2.3 㶲的各种形式

2.2.3.1 机械形式的㶲

宏观动能和宏观位能都是机械能，都是㶲，可以称为机械（能）㶲。但是闭口系统对外做功并不全是㶲。由于环境状态 p_0、T_0 都不会等于零，所以闭口系统对外膨胀必然要推开环境（p_0、T_0）物质，从而有一部分功作用于环境而不能输出使用，这部分功就不是有用功，也就不是㶲。环境状态 p_0、T_0 下推开环境物质所做的功为 $p_0 \Delta V$，那么闭口系统对外膨胀做出的功的㶲为

$$Ex_W = W_{12} - p_0 \Delta V$$

反抗环境压力所做的环境功 $p_0 \Delta V$ 可以看作是体积变化功的㷷部分。

2.2.3.2 热量㶲

热量是系统通过边界传递的热能，传递时唯一的特性是传递温度 T。根据卡诺理论，很容易得到一定温度的热量 Q 所具有的㶲为

$$Ex_q = Q\left(1 - \frac{T_0}{T}\right)$$

2.2.3.3 冷量㶲

冷量是指在系统边界温度低于环境温度时通过边界传递的热能，冷量㶲的定义有两种方式：

定义一：考虑低温热源 T 下的热量 Q，即冷量，假定在低温热源 T 和环境 T_0 之间运行一卡诺热机，它从环境吸热 Q_0，对外做功 W，定义此 W 为冷量㶲 $Ex_{q'}$，有

$$Ex_{q'} = W = Q_0\left(1 - \frac{T}{T_0}\right) = (W + Q)\left(1 - \frac{T}{T_0}\right)$$

$$Ex_{q'} = W = Q\left(\frac{T_0}{T} - 1\right)$$

定义二：考虑低温热源 T 下的热量 Q，即冷量，假定在低温热源 T 和环境 T_0 之间运行一逆向卡诺热机，它利用外功 W，制冷 Q，定义此 W 为冷量烟 $Ex_{q'}$，有

$$Ex_{q'} = W = \frac{Q}{\varepsilon_c} = Q\frac{T_0 - T}{T} = Q\left(\frac{T_0}{T} - 1\right)$$

2.2.3.4 闭口系统的烟

计算闭口系统的最大有用功时，不能允许系统与环境以外的其他热源之间有任何热交换，以避免因为发生可用能传递而影响最大有用功的计算，而且系统与环境之间的传热是在等温下进行的。假定最大有用功给予了一个功源，则参与过程的仅为系统、环境和功源。系统+环境与功源之间仅有机械能传递，因此对于"系统+环境"有

$$dW_A = -(dU + dU_0)$$

式中，dW_A 为给予功源的有用功；dU 为闭口系统的热力学能（内能）增量；dU_0 为环境的热力学能增量。对于环境，热力学第一定律表达为

$$- dQ_0 = dU_0 + (- p_0 dV)$$

式中，Q_0 是闭口系统与环境之间传热量，所以从环境的角度 Q_0 应加一负号；dV 是闭口系统体积膨胀量，从环境角度也应加一负号。由于功源无熵变，所以孤立系统熵增为

$$dS_{isolated} = dS + dS_0 = 0 \quad （可逆）$$

其中

$$dS_0 = \frac{- dQ_0}{T_0}$$

综上

$$dW_A = - dU - dU_0 = - dU + dQ_0 - p_0 dV$$

$$= - dU + T_0 dS - p_0 dV$$

从系统状态积分到环境状态，可以得到

$$Ex_u = W_A = U - U_0 + p_0(V - V_0) - T_0(S - S_0)$$

这就是闭口系统的烟，也称热力学能烟（内能烟）。

2.2.3.5 稳定流动系统的烟

稳定流动系统进口处状态 (p_1, T_1)，工质在状态系统内可逆地变化到与环境相平衡的出口状态 (p_0, T_0)，在变化过程中无别的热源，只与环境之间传递热量。由于环境是唯一热源，所以只能按先可逆绝热，后可逆定温的过程来变化

（否则需要无穷多个不同温度的热源来保证过程可逆，而且导致外来可用能参与其中）。稳定流动能量方程为

$$q = h_0 - h_1 + w_t$$

其中

$$q = T_0(s_0 - s_1)$$

于是

$$E_{xh} = w_t = h_1 - h_0 - T_0(s_1 - s_0)$$
$$= (h_1 - T_0s_1) - (h_0 - T_0s_0)$$

这就是稳定流动系统的㶲，也称焓㶲。

2.2.3.6　化学㶲

热力系统与环境（自然界）之间只存在物质结构的不同，而其他条件如压力、温度等都完全相同的情况下，所具有的㶲（可逆地变化到环境状态时所能做出的最大有用功）称为化学㶲。物质结构的差异包括构成物质的分子或分子团的不同，也包括仅仅由于成分（浓度）不一样而带来的不同。后者不涉及化学反应，也可以称为扩散㶲。

2.2.4　㶲分析在电站锅炉上的应用

目前，热平衡方法被广泛应用于电站锅炉，它从能量的数量方面分析能量的利用情况。随着科学技术的发展，一种更准确揭示锅炉热利用的方法——㶲分析方法开始应用于电站锅炉。它从能量的量和质两个方面分析能量的利用情况。与热平衡分析方法相比较，㶲平衡分析方法不但能反映电站锅炉的外部损失如排烟、散热等损失，而且能揭示能量转换利用过程的内部损失，即不可逆过程损失。此外，㶲平衡分析法可以较为完善地分析电站锅炉中各受热面的能量利用情况。因此，采用㶲分析方法可以更完善、更具体地衡量电站锅炉的热力学完善程度，准确地揭示系统中损失最大的环节或过程，为节约能源提供目标及对策。电厂锅炉㶲效率的计算方法如下所示。

在用㶲方法分析锅炉效率时把锅炉的㶲损失分为外部㶲损失和内部㶲损失，其中外部㶲损失是指系统工质排离系统时所损失的㶲，包括排烟㶲损失 I_1、化学未完全燃烧㶲损失 I_3、物理不完全燃烧㶲损失 I_4、散热㶲损失 I_5 和灰渣㶲损失 I_6；内部㶲损失是指由于系统内部各过程不可逆所造成的㶲损失，主要包括燃烧过程的㶲损失 I_7、传热过程的㶲损失 I_8。在进行计算时，均以 1kg 燃料为基础，

$$i_i = \frac{I_i}{E_f} \times 100\%$$

式中，i_i 为燃烧 1kg 燃料所产生的各项㶲损失占燃料提供给锅炉的㶲的百分比。其中 E_f 为 1kg 燃料提供给锅炉的㶲。

（1）1kg 燃料提供给锅炉的㶲 E_f。假定所供给的燃料和空气的温度均为环境

温度，对于固体燃煤锅炉来说，1kg 燃料提供给锅炉的㶲即为 1kg 燃料的化学㶲：

$$E_f = Q_{ar.net} + 2438 \frac{M_{ar}}{100}$$

式中　$Q_{ar.net}$——燃料收到基的低位发热量；

　　　2438——水的汽化潜热；

　　　M_{ar}——燃料收到基的水分。

（2）锅炉有效利用的㶲 E_f。锅炉有效利用的㶲主要是指锅炉过热蒸汽和再热蒸汽的㶲增：

$$E_1 = [D_{gr}(E''_{gr} - E_{gs}) + D_{zr}(E''_{zr} - E_{zr})]/B$$

式中　D_{gr}——锅炉的过热蒸汽流量；

　　　D_{zr}——锅炉的再热蒸汽流量；

　　　B——锅炉的燃煤量；

　　　E''_{gr}——过热器出口处过热蒸汽的㶲；

　　　E_{gs}——给水的㶲；

　　　E''_{zr}——再热器出口处再热蒸汽的㶲；

　　　E_{zr}——再热器入口处蒸汽的㶲。

$$E''_{gr} = (i''_{gr} - i_0) - T_0(s''_{gr} - s_0)$$

式中　i''_{gr}——过热蒸汽的比焓；

　　　i_0——工质在环境温度下的比焓；

　　　s''_{gr}——过热蒸汽的比熵；

　　　s_0——工质在环境温度下的比熵。

$$E_{gs} = (i_{gs} - i_0) - T_0(s_{gs} - s_0)$$

式中　i_{gs}——给水的比焓；

　　　s_{gs}——给水的比熵。

$$E''_{zr} = (i''_{zr} - i_0) - T_0(s''_{zr} - s_0)$$

式中　i''_{zr}——给水的比焓；

　　　s''_{zr}——再热器出口处蒸汽的比熵。

$$E_{zr} = (i_{zr} - i_0) - T_0(s_{zr} - s_0)$$

式中　i_{zr}——再热器入口处蒸汽的比焓；

　　　s_{zr}——再热器入口处蒸汽的比熵。

（3）排烟㶲损失 I_2。排烟㶲损失是指排入大气的烟气的物理㶲。排烟的主要成分包含 RO_2、N_2、H_2O 及飞灰。

燃料燃烧所需的理论空气量以及燃烧形成理论烟气中的理论氮气体积、RO_2 体积、水蒸气体积分别为

$$V^0 = 0.0889(C_{ar} + 0.375S_{ar}) + 0.265H_{ar} - 0.0333O_{ar}$$

$$V_{N_2}^0 = 0.8 \frac{N_{ar}}{100} + 0.79 V^0$$

$$V_{RO_2}^0 = 1.86 \frac{N_{ar}}{100} + 0.7 \frac{S_{ar}}{100}$$

$$V_{H_2O}^0 = 11.2 \frac{H_{ar}}{100} + 1.24 \frac{M_{ar}}{100} + 0.0161 V^0$$

理论烟气的焓为

$$i_y^0 = V_{RO_2}^0 (ct)_{RO_2} + V_{N_2}^0 (ct)_{N_2} + V_{H_2O}^0 (ct)_{H_2O}$$

式中，$(ct)_{RO_2}$、$(ct)_{N_2}$、$(ct)_{H_2O}$ 分别为三原子气体、氮气、水蒸气在温度 $t(\text{℃})$ 时的焓值，其中由于 V_{CO_2} 远大于 V_{SO_2}，且两者的比热容比较接近，所以取 $(ct)_{RO_2} = (ct)_{CO_2}$。

理论空气的焓为

$$i_k^0 = V^0 (ct)_k$$

飞灰的焓为

$$i_{th} = \frac{A_{ar}}{100} \alpha_{fh} (ct)_h$$

式中 $(ct)_h$——1kg 灰在温度 $f(\text{℃})$ 时的焓值；

α_{fh}——飞灰中灰分的份额。

则实际烟气的焓为

$$i_y = i_y^0 + (\alpha - 1) i_k^0 + i_{fh}$$

由上可得烟气的物理㶲为

$$I_2 = \left[i_y(t_{py}) - i_y(t_0) \right] \left(1 - \frac{T_0}{T_{py} - T_0} \ln \frac{T_{py}}{T_0} \right)$$

$$i_2 = \frac{I_2}{E_f} \times 100\%$$

（4）化学未完全燃烧㶲损失 I_3。化学未完全燃烧㶲损失是由燃料在燃烧过程中所生成的一部分残留在烟气中的可燃气体未完全燃烧所造成的，即损失了这部分可燃气体的化学㶲，它与这部分可燃气体燃烧产生的热量相等，等于锅炉的化学未完全燃烧热损失 Q_3：

$$Q_3 = Q_r q_3$$

式中 Q_r——1kg 燃料输入锅炉的热量，为燃料收到基的低位发热量；

q_3——锅炉化学未完全燃烧热损失占锅炉输入热量的百分比。

（5）物理未完全燃烧㶲损失 I_4。物理未完全燃烧㶲损失是由残余的可燃固体，主要是残余的固体碳造成的，即损失了这部分碳的化学㶲，它与这部分碳燃烧产成的热量相等，即等于锅炉的物理未完全燃烧热损失 Q_4：

$$Q_4 = Q_r q_4$$

式中　Q_4——锅炉物理未完全燃烧热损失占锅炉输入热量的百分比。

由已知的数据 q_4，即可得出 I_4 和 i_4。

（6）散热烟损失 I_5。散热烟损失是由于锅炉运行中锅炉表面炉墙温度高于周围环境温度，以辐射、对流的传热方式传给周围环境热量而损失的热量烟，计算公式如下：

$$I_5 = Q_5 \left(1 - \frac{T_0}{T_h} \right)$$

式中　Q_5——锅炉的散热热量，$Q_5 = Q_r q_5$；

q_5——锅炉散热热损失占锅炉输入热量的百分比；

T_h——锅炉壁面的平均温度。

$$T_h = \frac{T_{h1} - T_{h2}}{\ln(T_{h1} - T_{h2})}$$

式中　T_{h1}，T_{h2}——锅炉内、外壁的温度。

$$i_5 = \frac{I_5}{E_f} \times 100\%$$

（7）灰渣的烟损失 I_6。灰渣的烟损失是指排出炉膛的灰渣所具有的物理烟。灰渣损失的热量为

$$Q_6 = Q_r q_6$$

式中　q_6——锅炉灰渣热损失占锅炉输入热量的百分比。

灰渣的熵变为

$$s - s_0 = \frac{Q_6}{T_{hz}}$$

则灰渣损失的烟为

$$I_6 = Q_6 \left(1 - \frac{T_0}{T_{hz}} \right)$$

$$i_6 = \frac{I_6}{E_f} \times 100\%$$

（8）燃烧过程的烟损失 I_7。燃烧过程的烟损失是指由燃烧过程的不可逆性所引起的烟损失。锅炉中燃料的燃烧并不是绝热燃烧，即燃料的化学能并没有全部转换为烟气的热能，而是有一部分因为物理未完全燃烧、化学未完全燃烧、散热和灰渣而损失掉了，同样，燃料的化学烟除了转换为烟气的物理烟和因燃烧的不可逆而损失的烟外，也有一部分被物理未完全燃烧、化学未完全燃烧、散热和灰渣损失掉了，因此燃烧过程的烟损失可记为

$$I_7 = E_f - I_3 - 5I_4 - I_5 - I_6 - E_{y,rs}$$

式中 $E_{y,rs}$——燃烧温度下烟气的物理㶲。

$$E_{y,rs} = \left[i_y(t_{rs}) - i_y(t_0) \right]\left(1 - \frac{T_0}{T_{rs} - T_0} \right)$$

式中 $i_y(t_{rs})$，$i_y(t_0)$——燃烧温度和环境温度下烟气的焓。

$$i_7 = \frac{I_7}{E_f} \times 100\%$$

（9）传热过程的㶲损失 I_8。锅炉传热过程的㶲损失是由传热过程的不可逆性所引起的㶲损失：

$$I_8 = E_{y,rs} - E_1 - I_2$$

$$i_8 = \frac{I_8}{E_f} \times 100\%$$

（10）锅炉的㶲效率。锅炉的㶲效率为锅炉有效利用的㶲与燃料提供给锅炉的㶲的比值：

$$\eta_e = \frac{E_1}{E_f} \times 100\%$$

（11）实例分析。应用以上所得出的㶲分析方法，分别对 200MW、300MW、600MW、1000MW 机组的锅炉进行实例计算分析。表 2-1 为分别用㶲平衡法和热量平衡法计算不同容量锅炉的效率时，锅炉各项㶲损失、热损失及效率的比较。

表 2-1　锅炉各项热损失和㶲损失　　　　　　　　　　　　　（%）

按㶲平衡法				
损失项	200MW	300MW	600MW	1000MW
物理未完全燃烧损失	1.48	2.49	0.45	1.02
化学未完全燃烧损失	0.49	0.30	0.81	0.31
排烟损失	1.05	0.73	1.04	0.69
散热损失	0.16	0.10	0.09	0.09
灰渣损失	0.06	1.10	0.46	0.19
燃烧过程损失	38.82	37.07	41.98	41.48
传热过程损失	11.13	9.27	5.63	3.01
锅炉效率	46.81	48.94	49.54	53.21
按平衡热量法				
损失项	200MW	300MW	600MW	1000MW
物理未完全燃烧损失	1.50	2.50	0.82	1.03
化学未完全燃烧损失	0.50	0.30	0.46	0.13

按平衡热量法				
损失项	200MW	300MW	600MW	1000MW
排烟损失	6.16	4.88	4.97	4.31
散热损失	0.30	0.19	0.17	0.17
灰渣损失	0.08	1.54	0.65	0.26
燃烧过程损失				
传热过程损失				
锅炉效率	91.46	90.59	92.93	93.92

通过表 2-1 可以看出：

1）锅炉的㶲效率一般都在 50% 左右，锅炉的㶲损失主要是锅炉的内部㶲损失，而外部㶲损失较小，这是因为锅炉外部各项损失的热量质量较差，做功能力不强。

2）锅炉的热效率一般都达到了 90% 以上，从表面上看其效率已经很高了，但是它只考虑了热量转换的数量，并没有考虑到热量质量的高低以及由于锅炉内部各项过程的不可逆所造成的热量质量的下降。

3）随着锅炉容量和蒸汽初参数的增大，其㶲效率也增大。

2.3 能量转换

能量以多种形式出现，包括辐射、物体运动、处于激发状态的原子、分子内部及分子之间的应变力。所有这些形式的重要意义在于其能量是相等的，也就是说一种形式的能量可以转变成另一种形式。宇宙中发生的绝大部分事件，例如，恒星的崩溃和爆炸、生物的生长和毁灭、机器和计算机的操作中都包括能量由一种形式转化为另一种形式。

能量的形式可以用不同的方法来描述。声能主要是分子前后有规律的运动；热能是分子的无规则运动；重力能产生于分隔物体的相互吸引；储存在机械应力中的能量，则是由于分离的电行相互吸引。尽管各种能量的表现形式大不相同，但是，每种能量都能采用一种方法来测量，这样就能够搞清楚，有多少能量由一种形式转化为另一种形式。不论什么时候，一个地方或一种形式的能量减少了，另一个地方或另一种形式就会增加同样数量的能量。在一个系统中不论发生渐变还是骤变，只要没有能量进入或者离开这个系统，那么系统内部各种能量的和将不发生变化，不同能量的转化过程如图 2-2 所示。

生活中利用能量转化的例子非常多，例如拍球，能量从人体（手）的化学能转移到球，使之成为球的动能，球的动能又转化成弹性势能，弹性势能又转化

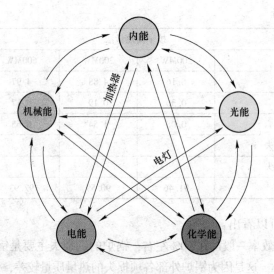

图 2-2　不同能量的转化

成动能和重力势能，只有靠这些能量的转移、转化才能够完成拍球这一过程。太阳能热水器，利用太阳能转换成热能加热水给我们洗澡；太阳能电池，发电只要有太阳就能转换成需要的能量。电水壶是将电能通过电热管转换为热能，从而烧开了水，水是吸收热能。

　　能量是能够使物体"工作"或运动的本领。虽然你看不见它，却能感觉到它。任何东西只要有移动、发热、冷却、生长、变化、发光或发声的现象，其中就有能量在起作用。

　　电能转化热能一般通过热电阻或热辐射，例如家用的电热炉，是在热阻丝内通过大量电流使热阻丝产生大量热能，通过热辐射传导给周围环境。也可以通过微波装置，使电能转化成微波，通过直接的热辐射转为热能。

　　至今为止，人类还没想出很有效率的方法可以让热能直接转化为电能，似乎人类只发明了电能和机械能转化的装置，所以，如果想任何形式能量转换为电能，必须先转换为机械能。但是，有的物质如陶瓷等，在温度变化时可以产生电势差，进而产生微弱电能，但无法用于发电。

　　通过切割电磁圈的磁感线，可以使机械能转化为电能。在电机中，机械能和电能可以互逆转换。

　　可以通过光电效应使光照射在金属表面而辐射出电子，通过这种方法，人类设计了太阳能板，太阳能板是通过阳光照射硅晶体的 PN 结产生空穴电压产生电能的，光能转化电能是相对比较有效的转换方式，并且随着不可再生能源的枯竭，人类越来越重视可再生清洁能源的应用，光能就是最受关注的清洁能源之一。

　　通过化学反应使得正电子和负电子分别在阳极和阴极汇聚，其实是电池的充电过程。

　　借助电磁感应效应，人类设计了电机，可以使电能轻松转化为机械能。在电机中，电能和机械能可以互逆转换。

　　化学能转化热能中，可以通过核裂变使得熵值大量增加，进而产生大量热能传导出去。在核裂变过程中，不仅产生大量热能，还产生大量光能及机械能等。还有一种方法就是通过可燃物的燃烧，伴随着光能的同时也产生大量热能。

　　至今人类想到的最好方法，只有通过加热水进而通过水蒸气驱动机械做功，自从瓦特发明蒸汽机以来，人类一直沿用这个方法进行转换。

习　题

2-1 请选取某一工业过程（要求含有燃料燃烧、辐射及对流换热及相变过程），分析其中能量转换过程中能量的形式及转换方式。

3 能源开发、储存和利用

能源，是人类赖以生存和进行生产的不可缺少的资源。近年来，随着生产力的发展和能源消费的增长，能源问题已被列为世界上研究的重大问题之一。解决世界能源问题的根本途径，主要有两个方面：其一是认真节流，其二是广泛开源。所谓节流，就是要大力提倡节约能源。节能是世界上许多国家关心和研究的重要课题，甚至有人把节能称为世界的"第五大能源"，与煤、石油和天然气、水能、核能等并列。在节能方面，在有计划地控制人口增长的同时，重点要发挥先进科学技术的优势，提高各国的能源利用效率。如果世界各国家和各地区都能改进各种用能设备，不断提高能源的质量标准和降低单位产品的能耗，加强科学管理，适当控制生活能源的合理使用，就能使能源更加有效地用于生产和生活之中，从而解决人类面临的能源问题。所谓开源，就是积极开发和利用各种能源。在继续加紧石油勘探和寻找新的石油产地的同时，积极开发丰富的煤炭资源，还要大力开发水能、生物能等常规能源，加强核能、太阳能、风能、沼气、海洋能、地热能以及其他各种新能源的研究和利用，从而不断扩大人类的能源资源的种类和来源。下面重点介绍一下当今世界主要能源的开发、储存、利用和将来的发展。

3.1 化石燃料（煤炭）

作为我国最重要的一次能源，煤炭对我国国民经济发展有着极为重要的意义。中华人民共和国成立后，国家对煤炭行业的管理政策历经了数次调整，这期间，我国煤炭行业的发展大致经历了三个主要阶段。

1949～1980 年的计划经济时期：从中华人民共和国成立到 20 世纪 80 年代之前，我国煤炭行业也像所有其他行业一样，完全在计划经济的环境下运行，所有的煤炭生产任务都由国有企业承担。企业的建设与发展基本上依赖国家投资，企业的生产、销售、定价完全遵从政府计划。

20 世纪 80 年代和 90 年代上半期的粗放发展时期：20 世纪 80 年代初，随着改革开放政策的实施，各个行业的发展趋于活跃，社会经济对作为基础能源的煤炭的需求量猛增，煤炭供应紧张。煤炭供应紧张成为制约国民经济发展的因素。针对这一情况，国家放宽了对煤炭行业的管理政策，在加快发展国有重点煤矿的同时，鼓励发展乡镇小煤矿。1983 年 4 月，国务院颁布了《关于加快发展乡镇煤矿的八项措施》的文件，提出要"积极发展地方国营煤矿和小煤矿"，倡导"大中小煤矿并举"的政策。随后的 1984 年和 1985 年，政府分别提出"有水快流"和"国家、集体、个人一齐上，大中小煤矿一起搞"的方针。其结果是我国煤矿数量迅速增加，产业集中度极低。截止到 1997 年底，我国共有大小矿井 6.4 万处，其中 6.1 万处为小矿井，占比接近总数的 94%。

1998~2007 年的整顿治理期：由于前一阶段粗放型管理政策的引导，煤炭行业在 80 年代和 90 年代前半期虽然发展速度迅猛，但质量相当低下。过低的产业集中度造成供需两端信息传导不畅，市场竞争极度激烈，价格秩序混乱，全行业陷入不景气。1996 年第二季度开始出现了煤炭供大于求的局面，这种局面一直维持到 2000 年。在这种混乱的行业秩序下，我国国有大型煤矿经营举步维艰。针对这一情况，中央在 1998 年撤销了煤炭工业部，将重点煤矿下放各地方政府，并针对煤炭行业的问题相继颁布了若干政策，整个煤炭行业进入了整顿期。

最近颁布的主要产业政策有 2005 年 6 月的《国务院关于促进煤炭工业健康发展的若干意见》，2006 年 4 月的《加快煤炭行业结构调整、应对产能过剩的指导意见》，2006 年 9 月的《国务院关于同意深化煤炭资源有偿使用制度改革试点实施方案的批复》，2007 年 1 月的《煤炭工业发展"十一五"规划》以及 2007 年 11 月的《煤炭产业政策》。以上一系列政策的出台将在规模、技术、安全、环保和资源节约等方面对未来煤炭行业的发展产生深远的影响。

3.1.1 我国煤炭行业的特点

中国在地质历史上的成煤期共有 14 个，其中有 4 个最主要的成煤期，即广泛分布在华北一带的晚炭纪—早二叠纪，广泛分布在南方各省的晚二叠纪，分布在华北北部、东北南部和西北地区的早中侏罗纪以及分布在东北地区、内蒙古东部的晚侏罗纪—早白垩纪等四个时期。它们所赋存的煤炭资源量分别占中国煤炭资源总量的 26%、5%、60% 和 7%，合计占总资源量的 98%。

上述四个最主要的成煤期中，晚二叠纪主要在中国南方形成了有工业价值的煤炭资源，其他三个成煤期分别在中国华北、西北和东北地区形成极为丰富的煤炭资源。中国煤炭资源分布面广，除上海市外，全国 30 个省、市、自治区都有不同数量的煤炭资源。

在全国 2100 多个县中，1200 多个有预测储量，已有煤矿进行开采的县就有 1100 多个，占 60% 左右。从煤炭资源的分布区域看，华北地区最多，占全国保有储量的 49.25%，其次为西北地区，占全国的 30.39，依次为西南地区，占 8.64%，华东地区，占 5.7%，中南地区，占 3.06%，东北地区，占 2.97%。按省、市、自治区计算，山西、内蒙古、陕西、新疆、贵州和宁夏 6 省区最多，这

6 省的保有储量约占全国的 81.6%。

我国的煤炭资源储量丰富，分布面广，品种齐全。据中国第二次煤田预测资料，埋深在 1000m 以浅的煤炭总资源量为 2.6 万亿吨。其中大别山—秦岭—昆仑山一线以北地区资源量约 2.45 万亿吨，占全国总资源量的 94%。其中新疆、内蒙古、山西和陕西等四省区占全国资源总量的 81.3%，东北三省占 1.6%，华东七省占 2.8%，江南九省占 1.6%。

中国煤炭资源的种类较多，在现有探明储量中，烟煤占 75%、无烟煤占 12%、褐煤占 13%。其中，原料煤占 27%，动力煤占 73%。动力煤储量主要分布在华北和西北，分别占全国的 46% 和 38%，炼焦煤主要集中在华北，无烟煤主要集中在山西和贵州两省。

中国煤炭质量总的来看较好。已探明的储量中，灰分小于 10% 的特低灰煤占 20% 以上，硫分小于 1% 的低硫煤占 65%~70%，硫分 1%~2% 的约占 15%~20%。高硫煤主要集中在西南、中南地区。华东和华北地区上部煤层多低硫煤，下部煤层多高硫煤。

中国是世界上煤炭产量最多、增长速度最快的国家。1949 年仅产煤炭 3243 万吨，1950 年 4292 万吨，1960 年达到 3.97 亿吨，1970 年 3.54 亿吨，1980 年 6.20 亿吨，1990 年突破 10 亿吨，2000 年达到 12.99 亿吨，2010 年增加到 32.4 亿吨，2013 年更是达到了 39.74 亿吨，创历史最高年产量纪录，接近世界总产煤量的 50%，从 2014 年开始，我国煤炭产量呈现逐年下降趋势，但基本也维持在 34 亿~37 亿吨。

煤炭作为我国主要的能源物质，其分布及开发利用的主要特点如下：

(1) 煤炭资源与地区的经济发达程度呈逆向分布。我国煤炭资源在地理分布上的总格局是西多东少、北富南贫。而且主要集中分布在目前经济还不发达的山西、内蒙古、陕西、新疆、贵州、宁夏等 6 省（自治区），它们的煤炭资源总量为 4.19 万亿吨，占全国煤炭资源总量的 82.8%，而且煤类齐全，煤质普遍较好。而我国经济最发达、工业产值最高、对外贸易最活跃、需要能源最多、耗用煤量最大的京、津、冀、辽、鲁、苏、沪、浙、闽、台、粤、琼、港、桂等 14 个东南沿海省、市、自治区只有煤炭资源量 0.27 万亿吨，仅占全国煤炭资源总量的 5.3%，资源十分贫乏。其中，我国最繁华的现代化城市——上海所辖范围内，至今未发现有煤炭资源赋存。

我国煤炭资源赋存丰度与地区经济发达程度呈逆向分布的特点，使煤炭基地远离了煤炭消费市场，煤炭资源中心远离了煤炭消费中心，从而加剧了远距离输送煤炭的压力，带来了一系列问题和困难。从目前我国的主要煤炭生产基地——山西大同，到东部和南部的用煤中心沈阳、上海、广州、京津等地，分别为 1270km、1890km、2740km 和 430km。随着今后经济高速发展，用煤量日益增大，加之煤炭生产重心西移，运距还要加长，压力还会增大。因此，运输已成为而且还将进一步成为制约煤炭工业发展、影响国民经济快速增长的重要因素。为此，国家必须高度重视煤炭运输问题。只有方便的交通运输，才能使煤炭顺利进入消费市场，满足各方面的需要，保证我国国民经济快速、持续、健康地向前发展。

（2）煤炭资源与水资源呈逆向分布。我国水资源比较贫乏，仅相当于世界人均占有量的 1/4，而且地域分布不均衡，南北差异很大。以昆仑山—秦岭—大别山一线为界，以南水资源较丰富，以北水资源短缺。据初步统计，我国北方17 个省、市、自治区的水资源量总量，每年为 6008 亿立方米，占全国水资源总量的 21.4%，地下水天然资源量每年为 2865 亿立方米，占全国地下水天然资源量的 32% 左右。北方以太行山为界，东部水资源多于西部地区。例如，山西、甘肃、宁夏 3 省（自治区）的水资源量仅占北方水资源量的 7.5%，地下水天然资源量仅占北方地下水天然资源量的 8.9%。这 3 个省（自治区）及其周围的陕西、内蒙古和新疆，年降雨量多在 500mm 以下，还有一些地区不足 250mm，加之日照时间长，蒸发量大，水资源十分贫乏。与此相反，这些地区却蕴藏着丰富的煤炭资源，不仅数量多，而且埋藏相对较浅，煤质好，品种齐全，是我国现今和今后煤炭生产建设的重点地区，也是我国现今与未来煤炭供应的主要基地。

由于这一地区煤炭资源过度集中，并与水资源呈逆向分布，不仅给当地的煤炭生产发展带来了重要影响，而且解决不好，还将制约整个煤炭工业的长远发展，影响煤炭的长期供应问题。因此，开发这一地区的煤炭资源，除了运输困难以外，还突出地存在煤炭生产和煤炭洗选过程中的工业用水和民用水源问题。同时，由于大规模的采矿活动和加大用水，必然要使本来就很脆弱的生态环境进一步恶化，使本来已经得到控制的沙漠继续向外蔓延。因此，国家在制订开发规划时，一定要综合考虑矿区水源、外运能力、环境保护和人口容量等诸多因素，将其控制在一个协调、适度的发展规模上。这样，才有利于全面推进，健康发展。

（3）优质动力煤丰富，优质无烟煤和优质炼焦用煤不多。我国煤类齐全，从褐煤到无烟煤各个煤化阶段的煤都有赋存，能为各工业部门提供冶金、化工、气化、动力等各种用途的煤源。但各煤类的数量不均衡，地区间的差别也很大。

我国通常将煤的基本用途划分为炼焦用煤和非炼焦用煤两大部分，前者占全国煤炭保有储量的 25.4%，后者为 72.9%。由此看来，我国非炼焦用煤储量很丰富。特别是其中的低变质烟煤（长焰煤、不粘煤、弱粘煤及其未分类煤）所占比重较大，共有保有储量 4262 亿吨，占全国煤炭保有储量的 42.5%，占全国非炼焦用煤的 58.3%，资源十分丰富。这三类煤的最大特点是灰分低、硫分低、可选性好，各主要矿区的原煤灰分一般均在 15% 以下，硫分小于 1%。其中，不粘煤的平均灰分为 10.85%，硫分为 0.75%；弱粘煤的平均灰分为 10.11%，硫分为

0.87%。从总体上看，不粘煤和弱粘煤的煤质均好于全国其他各煤类。例如，闻名中外的大同弱粘煤和新开发的陕北神府矿区和内蒙古西部东胜煤田中的不粘煤，灰分为5%~10%，硫分小于0.7%，被誉为天然精煤，是世界瞩目的绝好资源。它不但是优质动力用煤，而且部分还可作气化原料煤。其中部分弱粘煤还可作炼焦配煤。所以说，我国的低变质烟煤数量大，煤质好，是煤炭资源中的一大优势。

无烟煤除作动力用煤外，在工业上有着广泛的用途。我国无烟煤保有储量为1156亿吨，仅占全国煤炭保有储量的11.5%。主要分布在山西和贵州两省。其次是河南和四川。山西省的无烟煤，只有产于山西组中的灰分和硫分一般较低，而产于太原组中的则多为中高硫至特高硫煤；贵州省和四川省的无烟煤多属高硫至特高硫煤；河南省的无烟煤灰分、硫分均较低，但多属粉状构造煤，其应用范围较小。虽然，我国宁夏汝箕沟的无烟煤，灰分、硫分都很低，在国际市场上享有盛誉；湖南湘中金竹山的无烟煤，灰分为3%~7.5%，硫分为0.6%；宁夏碱沟山的无烟煤，灰分小于7%，硫分为0.6%~2.9%，都是少有的优质无烟煤，但这些矿区规模不大，储量有限。因此，我国优质无烟煤不多。

我国炼焦用煤（气煤、肥煤、焦煤和瘦煤）的保有储量为2549亿吨，占全国煤炭保有储量的25.4%，不仅比重不大，而且品种也不均衡。其中气煤占炼焦用煤的40.6%，而肥煤、焦煤和瘦煤三个炼焦基础煤，分别仅占18.0%，23.5%和15.8%。炼焦用煤的原煤灰分一般在20%以上，多属中灰煤，基本上没有低灰和特低灰煤，而且硫分偏高，约有20%以上的炼焦用煤硫分超过2%，而低硫高灰者，可选性一般较差。华北地区晚石炭世太原组和早二叠世山西组是炼焦用煤的主要含煤时代。山西组煤的灰分、硫分相对较低，可选性较好，是我国目前炼焦用煤的主要煤源，但其结焦性一般不如太原组煤好；太原组煤属中-中高硫者居多，脱硫困难。北方早、中侏罗世产有少量气煤，其灰分、硫分均较低，可选性也较好，但因黏结性差，很少能用于炼焦。此外，还有相当一部分虽属炼焦用煤，但因灰分或硫分过高，可选性很差，精煤回收率极低，从经济效益考虑不宜入选，只能当作一般燃料使用。因此我国优质炼焦用煤也不多。

综上所述，我国虽然煤类齐全，但真正具有潜力的是低变质烟煤，而优质无烟煤和优质炼焦用煤都不多，属于稀缺煤种，应当引起各方面的高度重视，采取有效措施，切实加强保护和合理开发利用。

（4）煤层埋藏较深，适于露天开采的储量很少。据第二次全国煤田预测结果，埋深在600m以浅的预测煤炭资源量，占全国煤炭预测资源总量的26.8%，埋深在600~1000m的占20%，埋深在1000~1500m的占25.1%，1500~2000m的占28.1%。据对全国煤炭保有储量的粗略统计，煤层埋深小于300m的约占30%，埋深在300~600m的约占40%，埋深在600~1000m的约占30%。一般来说，京广铁路以西的煤田，煤层埋藏较浅，不少地方可以采用平峒或斜井开采，其中晋北、陕北、内蒙古、新疆和云南的少数煤田的部分地段，还可露天开采；京广铁路以东的煤田，煤层埋藏较深，特别是鲁西、苏北、皖北、豫东、冀南等地区，煤层多赋存在大平原之上，上覆新生界松散层多在200～400m，有的已达600m以上，建井困难，而且多需特殊凿井。与世界主要产煤国家比较而言，我国煤层埋藏较深。同时，由于沉积环境和成煤条件等多种地质因素的影响，我国多以薄—中厚煤层为主，巨厚煤层很少。因此可以作为露天开采的储量甚微。

据《中国煤炭开发战略研究》课题组统计结果，我国适宜露天开采的矿区（或煤田）主要有13个，已划归露天开采和可以划归露天开采储量共计为412.43亿吨，仅占全国煤炭保有储量的4.1%。而且北方晚石炭世—早二叠世的煤层，煤类多为中等变质程度的炼焦用煤，但因煤层厚度小，基本上只适宜井工开采，仅个别煤田有少量储量可以划归露天开采。如，山西平朔矿区、河保偏煤田和内蒙古准格尔矿区。早侏罗世、中侏罗世、早白垩世和第三纪的煤层，煤类多为低变质烟煤和褐煤，但厚度较大，在成煤条件适宜的地带，常形成厚—巨厚煤层，可以划归露天开采。如，陕北神府，内蒙古西部东胜，内蒙古中部胜利，内蒙古东部伊敏、霍林河、宝日希勒、元宝山和新疆，云南小龙潭、昭通等矿区（或煤田）。因此在我国可以划归露天开采储量中，煤化程度普遍较低，最高为气煤，最多是褐煤。在已划归露天开采保有储量342.52亿吨中，气煤为44.32亿吨，占12.9%，长焰煤为39.99亿吨，占11.7%，不粘煤为1.65亿吨，占0.5%，褐煤为256.56亿吨，占74.9%。

露天开采效率高、成本低、生产安全、经济效益好，适于露天开采的储量，应该充分利用，加大开发规模。然而，我国露天采煤发展缓慢，中华人民共和国成立40多年来，产量比重一直在10%以下，多数年份在5%以下，近年来只占3%～4%。而世界上开采条件好的国家，露天开采比重在50%以上，开采条件差的国家，也都超过了10%。以1994年为例，加拿大露天采煤量占该国原煤年产量的比重为88%，德国为78.3%，印度为73.8%，澳大利亚为70%，美国为61.5%，俄罗斯为56.1%，波兰为33.3%，英国为23.6%，日本为11.6%。相比之下，我国露天开采比重太低。究其原因，由于我国露天开采储量中，褐煤所占比重很大，它不但水分高、发热量低，有些褐煤矿区煤层结构还比较复杂，原煤含矸率较高，加之多数矿区（或煤田）交通不便，运输困难，这是以往不曾大力开发的主要原因。

（5）共伴生矿产种类多，资源丰富。我国含煤地层和煤层中的共生、伴生矿产种类很多。含煤地层中有高岭岩（土）、耐火黏土、铝土矿、膨润土、硅藻土、油页岩、石墨、硫铁矿、石膏、硬石膏、石英砂岩和煤成气等；煤层中除有煤层气（瓦斯）外，还有镓、锗、铀、钍、钒等微量元素和稀土金属元素；含煤地层的基底和盖层中有石灰岩、大理岩、岩盐、矿泉水和泥炭等。共 30 多种，分布广泛，储量丰富。有些矿种还是我国的优势资源。

高岭岩（土）在我国各主要聚煤期的含煤地层中几乎都有分布，并且具有一定的工业价值。其中以石炭纪—二叠纪最重要，矿层多，厚度大，品位高，质量好。代表性产地有山西大同、介休，山东新汶，河北唐山、易县，陕西蒲白和内蒙古准格尔等地的木节土；山西阳泉、河南焦作等地的软质黏土；安徽两淮、江西萍乡的焦宝石型高岭岩。此外，在东北、新疆和广东茂名等地的煤矿区也发现有高岭岩矿床赋存。据不完全统计，目前在含煤地层中高岭土已查明储量为 16.73 亿吨，远景储量为 55.29 亿吨，预测资源量为 110.86 亿吨。矿床规模一般在数千万吨以上，有的达几亿至几十亿吨，属中型至特大型矿床。

我国所有的耐火黏土几乎全部产于含煤地层之中，已发现的产地多达 254 处。主要分布在山西、河南、河北、山东、贵州等省。膨润土矿床主要分布在东北和东南沿海各省（自治区），尤以吉林和广西的储量大、品质优、钠基膨润土所占比例大，是我国最重要的膨润土基地。在全国 31 个大型膨润土矿床中，产于含煤地层中的有 25 个。赋存于含煤地层中的探明储量为 8.88 亿吨，其中钠基膨润土在 5 亿吨以上。硅藻土矿床主要分布在吉林、黑龙江、山东、浙江、云南、四川、湖南、海南、广东、西藏、福建、山西等地。产出时代以晚第三纪为主，第四纪次之，多与褐煤共生。我国硅藻土储量超过 22 亿吨，探明储量 2.7 亿吨，其中含煤地层中储量占 70.5%。

我国的工业硫源 67.6% 来自硫铁矿，而含煤地层中的共生硫铁矿占各类硫铁矿保有储量的 33.9%。主要赋存在南方的上二叠统和北方的中石炭统，产地集中在南、北两大片：南方有四川、贵州、云南和湖北，北方有河南、河北、陕西和山西。据不完全统计，全国共有共生硫铁矿产地 240 处，保有储量（矿石量）34.6 亿吨，预测矿石量 113.7 亿吨。另外，高硫煤层中的伴生硫铁矿也很丰富，全国国有重点煤矿已探明的高硫煤储量达 111.9 亿吨，平均含硫量 3.5%，其中，黄铁矿硫按 55% 计算，则共含有效硫 2.15 亿吨，折合硫标矿 6 亿吨以上。

我国石膏类矿的储量居世界首位，已发现矿产地 500 多处，集中分布在山东、安徽、江苏、内蒙古、湖南、青海、湖北、宁夏、西藏和四川等省（自治区）。到 1991 年末，全国保有储量达 573.7 亿吨，其中，位于含煤地层中或其上覆、下伏地层中储量达 115.7 亿吨。

从以上所述可以看出，我国含煤地层中的共生、伴生矿产资源非常丰富，很有前景。以往由于受计划经济体制的影响，煤炭开发企业以开采煤炭为主，因此对其共生、伴生的矿产资源研究得不多，开发利用很少。近年来虽然已开始重视，但终因起步晚，基础差，目前仅对少数常见矿产进行部分开发。而且开采出来的矿石，多处于粗加工阶段，离市场要求的高纯、超细、超白、改性、活化等目标，相差甚远。

3.1.2 现有煤炭转化技术及其问题

煤是由远古死亡植物残骸没入水中经过生物化学作用，然后被地层覆盖并经过地质化学作用形成的有机生物岩，是有机与无机化合物的混合体。由于生成的地质年代不同，造成了煤的组分也不同，但其基本元素成分为碳、氢、氧、氮、硫。此外，还包括一些成灰元素（如硅、铝、铁、钙、镁、碱金属）和一些微量重金属，如汞硒等。煤中的有机成分是以官能团的形式出现的，包括羟基、羧基、羰基、甲氧基等。由煤的构造可知环烃和链烃为煤的主要组成部分。煤在热转换过程中，烃中的弱键断裂形成气体或液体逸出。如果能在煤的转化过程中提取部分液体环烃，则煤转化过程中产品的品位就会大大提高。

目前煤炭的转化主要有三种方式：直接燃烧、气化和液化。

（1）煤炭燃烧。我国煤炭利用的主要形式为直接燃烧，约占总用煤量的80%。而煤直接燃烧的一半左右用于中小燃煤设备，其问题之一为热效率低，如工业炉窑的热效率中有40%左右，而工业及供暖锅炉的热效率也仅为60%左右。问题之二为对环境的污染极其严重。由于小型燃煤设备上没有污染物排放控制手段，其排放量要比大型燃烧设备高得多。大型燃煤设备如电站锅炉的转换效率比小型设备高。目前发达国家煤发电的效率达45%以上，而我国的煤发电效率只有30%左右，而且其污染物如 SO_2、NO_x、CO 等的治理措施还有待解决。

由此可见，解决煤炭直接燃烧的问题是煤洁净高效转换的首要问题。从理论上看，将煤炭直接燃烧产生热能来利用的最大缺陷在于该过程将高品位能降至极低品位的热能来利用。如同用高温高压蒸汽来供暖。而目前煤炭利用的现状即在近期内以燃烧为主的局面不可能有大的变化，因此，现有燃烧设备的改进是提高效率、降低污染的一个方向。同时，对于新设备应采用新的转化技术，逐渐改变煤炭利用的现有格局。

（2）煤炭的气化。煤炭气化是利用固体煤来产生气体燃料或产品的过程，与煤的直接燃烧相比，气化具有大的优越性。首先，在转化过程中燃料的品位不仅没有降低，而且略有升高。所产生的气体不仅可以作为燃料还可以作为化工原料。其次，与固体煤相比，气体燃料在燃烧过程中其燃烧效率高、污染低，可作为民用燃料。然而，完全气化过程需要较苛刻的条件，即较高的温度，同时半焦的完全气化需要较长的时间，加上在高温气氛下半焦的失活，造成不完全气化。其结果是气化炉的结构复杂、造价高。为解决这些问题，目前各国正在对整体煤气化联合循环（IGCC）发电技术进行深入的研究，该技术的商业化可望提高煤炭的转化效率，但目前煤气的高温净化这一关键技术问题还没有得到完全解决。

（3）煤炭的液化。煤炭液化是通过化学加工转化为液体产品，包括液体燃料和化工原料的过程。煤炭液化可以通过两种方法来实现：直接液化和间接液化。煤炭的直接液化是使煤在高压、高温条件下，通过加氢使煤中的有机成分直接转化为液体燃料和化工原料；直接液化具有液体转化率高的优点，但由于其产率依赖于煤的结构，煤种适应性较差。煤炭液化流程如图3-1所示。

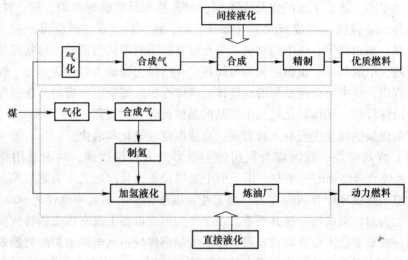

图3-1　煤炭液化流程图

　　同时，直接液化过程在高压、高温条件下加氢进行，苛刻的总体操作条件使产品的成本提高。目前还无法与相似石油化工产品相竞争。煤炭间接液化是将煤气化后，再经过催化合成为液体产品。煤炭的间接液化的优点在于其煤种适应性较宽，操作条件较温和，同时，硫、氮和灰等污染先驱物可在气化过程中脱除。但该过程包括气化和合成两个过程，即先将煤中的高碳成分降成一碳，然后再合成为高碳液体，故其总效率低、产品的选择性差。由以上分析可以看出，对于作为混合体的煤进行单一转化方法处理具有如下问题：转化效率低、转化后产品品位下降、污染物治理量大、工艺条件苛刻、相对投资高。

3.1.3　洁净煤技术进展现状

　　洁净煤技术是指在煤炭开发、加工、利用全过程中旨在提高煤炭利用效率，减少环境污染的一系列新技术的总称。洁净煤的发展和利用将能源节约、环境保护和技术创新密切配合，形成完整的协调发展的概念。

3.1.3.1　国外洁净煤技术进展现状

　　20世纪80年代开始，发达国家从能源发展的长远利益考虑，相继开展洁净煤技术的研究工作，在一些主要领域已取得重大进展，并且许多科研成果已经进入商业化推广阶段，取得了巨大的经济效益。美国于 1986 年推行"洁净煤技术示范计划"（CCTP），在能源部的主持下，先后投资 52 亿美元，选定 38 个商业性示范项目，涉及 4 个主要应用领域，即先进发电系统、环境控制设备、煤炭加工清洁燃料装置、工业应用技术示范项目。其中 4 项为煤的洁净燃料加工技术，占总投资的 8%，这 4 项煤的洁净燃料加工技术分别为配煤燃烧专家系统、先进煤精制过程、温和煤气化项目和煤制液体甲醇/二甲醚工艺。

（1）配煤燃烧专家系统（Development of the Coal Quality Expert™）：通过计算机仿真软件优化燃烧配煤，实现锅炉燃烧的低排污、低成本、高效率运行。

（2）先进煤精制过程（Advanced Coal Conversion Process Demonstration）：目的是生产精制煤（SynCoal）。

（3）温和煤气化项目（Encoal Mild Coal Gasification Project）：通过温和气化过程由低硫半烟煤生产两种高附加值燃料：加工衍生燃料（Process-derived Fuel）和煤衍生液体燃料（Coal-derived Liquid）。

（4）煤制液体甲醇/二甲醚工艺（Commercial Scale Demonstration of Liquid Phase Methanol（LPMEOH™）Process）：采用 LPMEOH™ 工艺，由煤合成气进行商业化示范生产液体甲醇，同时还试生产二甲醚（DME）和甲醇的混合物。

目前，美国洁净煤技术计划已转入前景 21（Vision 21）计划，大力推进煤炭的高效洁净综合利用技术，最终实现含碳能源，尤其是煤炭近零排放利用系统：先进透平计划（AGT）转入新世纪透平计划（NCGT）。

日本早在 1980 年就成立了"新能源工业技术综合开发机构"（NEDO），从事洁净煤技术和新能源的研究开发。1995 年，新能源工业技术综合开发机构组建了"洁净煤技术中心"（CCTC），推出了"新阳光计划"，1999 年又制定了"21 世纪煤炭技术战略"，计划在 2030 年前实现煤作为燃料的完全洁净化。日本目前正开发的项目有：

（1）煤炭高效率利用技术，如 IGCC、CFBC 和 PFBC 等洁净煤发电技术。

（2）煤炭预处理和烟气净化技术，如煤炭洗选技术、废烟处理技术、脱硫脱氮技术等。

（3）加压流化床锅炉的技术开发。

（4）煤合成气燃料电池等。

20 世纪 90 年代，欧盟推出未来能源计划，其主旨是促进欧洲能源利用新技术的开发，减少对石油的依赖和煤炭利用造成的环境污染。欧盟发展洁净煤技术的主要目标是减少各种燃煤污染物以及温室气体排放，使燃煤发电更加洁净；通过提高效率减少煤炭消费。目前研究开发的项目有：整体煤气化联合循环发电，煤与生物质及工业、城市或农业废弃物共气化（或燃烧），固体燃料气化燃料电池联合循环，循环流化床燃烧技术等。

3.1.3.2　国内洁净煤技术进展现状

1995 年，国务院成立了"国家洁净煤技术推广规划领导小组"，提出在中国发展洁净煤技术应包括煤炭加工、洁净燃煤与发电、煤炭转化、污染物治理与资源综合利用等四个领域的技术。近几年，我国通过引进、消化和自主开发，在洁净煤技术的研究开发、示范及推广应用三个层次上均取得了较大进展，缩小了我国在洁净煤技术领域同发达国家之间的距离，具体如下。

（1）在煤炭洗选和加工方面：选煤设计能力大幅度提高，干法洗选、重介质旋流器、细粒煤分选等技术迅猛发展；水煤浆制浆生产能力达到 20 万吨阵以上，工业燃烧水煤浆取得实质性进展——已建成较大规模的动力配煤生产线，配煤能力约 500 万吨阵；型煤技术得到大力推广。

（2）在煤炭转化方面：引进和自主开发了一些新的煤炭气化技术，如多喷嘴水煤浆新型气化炉、加压粉煤流化床气化炉、灰熔聚常压流化床气化炉，并进行了放大试验，目前工业应用以引进技术、装备为主等；百万吨级煤直接液化工业示范厂已通过可行性研究，煤炭间接液化技术开发取得进展；成功研制了千瓦级燃料电池堆，完成了 30kW 燃料电池系统与电动汽车系统联合试验和试车系统。

（3）在洁净燃烧与发电方面：220t/h 以下的循环流化床锅炉已实现国产化，410t/h 循环流化床锅炉燃煤发电工程示范正在组织实施。整体煤气化联合循环发电（IGCC）干煤粉气化、热煤气净化、燃汽轮机和余热系统等关键技术的研究已经启动。

（4）在污染物治理与资源综合利用方面：开发了一系列烟气脱硫、除尘新技术，完成了多套电站烟气脱硫工程；煤矸石和煤泥等废物再资源化已初步实现产业化，当年废物再资源化率达 50%以上。

3.1.3.3　国内洁净煤技术发展存在的不足

中国在洁净煤技术方面取得了长足的进步，在一些重要领域和关键技术研究开发方面也取得了重大进展，但是仍存在很多不足，如研究开发力量较分散，难以形成整体优势，项目重复或低水平重复；引进的技术较多，自主开发的创新性技术较少，且成熟程度不高；研究成果转换率较低，规模不大；对中国洁净煤技术市场需求了解不足；从研究开发、工程示范到商业应用存在一定的政策障碍和资金缺乏问题等，这些问题有待解决。

3.1.4　洁净煤技术的应用

洁净煤技术包含从煤炭开发到转化利用及其净化处理的全过程，因此洁净煤技术的开发应用范围很广、种类很多，在此只能选择其中几种成熟而典型技术介绍如下。

3.1.4.1 煤的气化和液化技术

煤的气化技术有常压气化和加压气化两种，它是在常压或加压条件下，保持一定温度，通过气化剂（空气、氧气和蒸汽）与煤炭反应生成煤气，煤气的主要成分是一氧化碳、氢气、甲烷等可燃气体。用空气和蒸汽做气化剂，煤气热值低；用氧气做气化剂，煤气热值高。煤在气化中可脱硫除氮，排去灰渣，因此，煤气就是洁净燃料了。煤炭气化技术分地面煤气化技术和地下煤气化技术两种。地面煤气化技术有固定床、流化床与气流床三种主要形式。气化工艺开发集中于提高气化压力、提高气化炉容量、扩大煤种适应性、环境友好、提高碳转化率和提高气化效率和液态排渣等。主要应用于化工合成、城市煤气生产及联合循环发电。煤炭地下气化是将地下煤炭有控制燃烧、产生可燃气体的一种开发清洁能源与化工原料的新技术。只提取煤中含能组分，而将灰渣等污染物滞留在井下。这种新技术集建井、采煤、转化工艺为一体，大大减少了煤炭生产和使用过程中所造成的环境破坏，并可大大提高煤炭资源的利用率，因此深受世界各国重视。对于煤炭地下气化技术，在国外主要是俄罗斯在应用，欧美等国家和地区在开发。美国的经验指出，地下气化与地面气化生产相同下游产品相比，合成气的成本可下降43%，天然气代用品的成本可下降10%~18%，发电成本可下降27%；前苏联列宁格勒火力发电设计院公布的资料表明，地下气化热力电厂与燃煤电厂相比，厂房空间可减少50%，锅炉金属耗量可降低30%，运行人数可减少37%。

煤的液化技术有间接液化和直接液化两种。间接液化是先将煤气化，然后再把煤气液化，如煤制甲醇，可替代汽油，我国已有应用。直接液化是把煤直接转化成液体燃料，比如直接加氢将煤转化成液体燃料，或煤炭与渣油混合成油煤浆反应生成液体燃料，我国已开展研究。

3.1.4.2 水煤浆输送技术

煤炭与石油和天然气相比，在运输和储存时，存在着粉尘、自燃、灰渣及烟气污染等诸多不利因素。与其将大量未经加工的煤炭进行铁路运输，还不如将其在产地制成煤浆用管道输送，即把煤液体化，预先制成高浓度水煤浆，通过管道将液体状水煤浆送往电厂作为锅炉的燃料，可以大大减少污染和自燃等问题，减轻铁路运输的压力。这样煤炭在燃烧和转化利用之前先将其液态化就成为一种新的洁净煤技术。

水煤浆是一种新型流体燃料，它可以在锅炉内稳定着火燃烧，由于在加工制造过程中可以通过技术处理除去原煤中一部分灰分和硫分，所以水煤浆是一种清洁燃料。水煤浆是一种微煤粒、水和少量化学添加剂的液状混合物，煤、水的混合比为 7：3，另加 1% 的添加剂。制造时先将原料煤湿磨成 $50\sim20\mu m$ 的粒状，经分流器分流，粒径合格的煤粉浆通过真空脱水浓缩后流入混合器，再加入适量的化学添加剂经混合并连续搅拌制成水煤浆。燃用水煤浆的主要好处具体如下：

（1）可用管道输送，用储罐储存，降低运输及储存费用。

（2）水煤浆可以直接喷雾燃烧且燃烧稳定，电厂可以省去给煤制粉系统等辅机设备，降低厂用电。

（3）水煤浆的喷雾燃烧使其获得与重油同样的负荷特性，适合于作为调峰电厂的燃料。

（4）可实现煤的清洁燃烧，大大减少灰分、粉尘、SO_2、NO_x 的排放。

3.1.4.3 循环流化床燃煤发电技术

循环流化床发电技术属于先进的煤炭燃烧发电技术，燃烧效率高、污染排放少、完全可以满足环保要求，在国外发展很快，已进入商业化阶段。循环流化床锅炉的特点是通过控制燃料、风量、吸附剂等能使锅炉炉膛呈流化态燃烧。燃烧时使燃料形成内外两种循环：内循环使燃料颗粒在炉膛内上下反复升降，从而延长了炉内燃烧过程；外循环即未燃尽的小颗粒又经旋风分离器捕集后送回炉内重新燃烧。由于这种锅炉燃料的循环过程增大了燃烧时间，从而也就增大燃烧过程的传热传质率和燃烧效率。同时由于对风量、燃料、吸附剂及经旋风分离器捕集的回灰量的控制，能使锅炉达到最佳燃烧温度（850℃），从而控制 SO_2 和 NO_x 的生成，以消除污染物的排放。循环流化床锅炉的主要优点是燃料适应性强（可燃用多种燃料）、燃烧效率高（可达 99.99%）、污染排放少，SO_2 和 NO_x 的排放量较常规炉可分别减少 70% 和 60%，甚至更理想。循环流化床技术发展很快，由最初的常压流化床已进入到增压流化床。近年来，由于联合循环发电技术的发展，又出现了技术更为先进的增压流化床，综合效率更高，污染排放更低。

循环流化床工作示意图如图 3-2 所示。

3.1.4.4 煤层气发电技术

煤层气是煤炭采掘过程中的伴生物，主要成分是 CH_4，另外还有 CO_2、CO 和 NO_x，以往做法都是排空放掉，以避免对煤矿安全生产造成威胁，而这种做法一方面浪费能源，另一方面又污染了大气。近年来，国外开始回收煤层气用于发电，从而解决了煤炭生产时的浪费和污染问题。

煤层气发电是煤炭采掘过程中的废气利用，因此属煤炭燃烧前的加工转化应用技术。澳大利亚于 1995 年建成两座共安装 94 台燃气内燃发电机组的电厂，发电容量为 94MW。其中安装 54 台机组的电厂每年可消化 9.2 万吨煤层气，安装

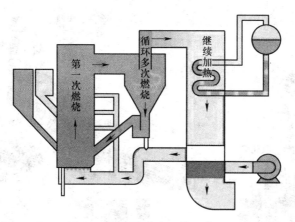

图 3-2 循环流化床工作示意图

40 台机组的电厂每年可消化 4.8 万吨煤层气，同时可减少 CO_2 的排放 315t。煤层气的采集有两种途径：一种是靠地下钻孔收集，用管道以 20kPa 压力送到电厂，经过滤除尘，再以 10kPa 压力送入内燃机；另一种是靠通风系统收集，同样过滤后送到发电机组。每台燃气内燃机额定输出为 1030kW，每套装置都有 16 缸、1500r/min 燃气内燃机 1 台及无刷发电机 1 台，内燃机上装有专用空气/燃料配比控制系统，可自动控制入口燃料以控制空气/燃料混合物，从而控制 NO_x 的排放量，优化内燃发电机效率。遇有煤层气波动还可以接天然气补充，解决了长期困扰煤矿的安全和污染问题。

3.1.4.5 整体煤气化联合循环发电技术

整体煤气化联合循环发电是将常规的汽轮机发电和燃气轮机发电相结合的先进燃煤发电技术。该技术可实现煤的全部化学能转换过程中功和热的梯级利用，以及不同品位形式能的优化配置，可获得远远大于单一朗肯循环的热效率和能量转换效果，是未来燃煤火电生产的主要发展方向。整体煤气化联合循环发电过程是首先将燃料煤在气化炉气化，生成中热或低热煤气，气化用介质为氧气和水蒸气。气化炉有固定床、流化床、喷流床和溶渣床多种形式，而目前国外最佳的气化炉有德士古炉、鲁奇炉和 KRW 炉三种。生产出的煤气经严格除尘、脱硫净化处理后送到燃气轮机，用这种高温高压气体做工质推动燃气轮机/发电机组发电；做功后的高温气体（600℃）送往余热锅炉，加热水生产蒸汽，再用蒸汽推动汽轮机/发电机组发电。整体煤气化联合循环发电技术流程如图 3-3 所示。整体煤气化联合循环发电的优点很多，主要表现为热效率高，一般联合循环效率都可达 52%~55%；投资省、建设快，较带烟气脱硫电厂可节省投资 33%；占地少，可分段建设；污染小，脱硫率高达 98%~99%。

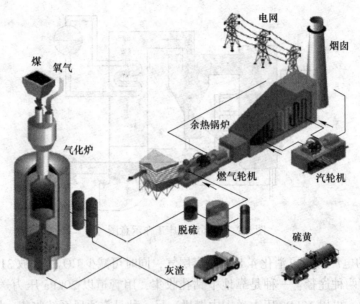

图 3-3 整体煤气化联合循环发电技术流程

3.1.4.6 燃料电池发电技术

燃料电池是 20 世纪 80、90 年代发展起来的先进的煤基发电技术，被称作绿色能源设备或第四代发电技术。燃料电池的燃料来源广泛（氢、煤、甲烷、乙醇等），设备可大可小，可分散可集中，既可作为汽车、家庭等小型分散电源，也可以和燃气轮机、汽轮机联合起来作为大型电厂的集中电源。燃料电池发电设备之所以称作电池，就在于这种设备是通过化学反应将燃料的化学能直接转化为电能。一反传统的转换方式，不需要锅炉、汽机、发电机等庞大的设备生产蒸汽，然后用汽轮机带动发电机发电。燃料电池化学反应物（燃料、氧）是由电池外部供给的，只要外部连续供给反应物，电池就可以源源不断地生产电能。电池的工作原理是将反应物（氢、甲烷、煤等）和氧分别供给电池的阴阳两极，输入的反应物在电池发生电化学反应。通过电池为电解质传送带电离子使两极产生电位差，从而引起电子在外电路流动，形成直流电输出，供负荷应用。如需交流电则可通过转换装置将直流转换成交流。

燃料电池技术发展很快，种类很多，大体可分为五类：磷酸盐型电池、溶融碳酸盐型电池、固体氧化物电池、质子交换膜电池及碱性电池。溶融碳酸盐电池可参与汽轮机、燃气轮机联合运行，使发电给定效率达 85% 以上，可作为大型中心电站的发电装置；质子交换膜电池由于其工作温度低（80~100℃），电流密度高，非常适合作汽车动力电池；碱性电池属特种用途电池，多用于宇航、舰艇等军用场合。燃料电池发电技术和其他洁净煤技术一样，都是高效率、低污染。由于这种发电没有燃烧换能过程，也不需要旋转发电设备，因此没有 SO_2、NO_x、CO_2 及噪声污染。同时是直接换能发电，发电效率达 40%~60%，若参与联合运行，合效率达 60%~85%，而且用途广泛。从汽车的动力电源，到家庭旅馆的生产电源及电力系统内电站电源都可以应用。

3.1.4.7　直接烧煤洁净技术。

这是在直接烧煤的情况下，需要采用的技术措施：燃烧前的净化加工技术，主要是洗选、型煤加工和水煤浆技术。选煤是合理利用煤炭，保护环境的最经济和有效的技术，是煤炭深加工的前提，每选煤 1 亿吨，约可减少 100 万吨的 SO_2 排放量。动力配煤是将不同品质的煤取长补短，经过破碎、筛选按比例配合，并辅以一定的添加剂以适应用户对煤质的要求。统计表明锅炉采用配煤后，平均节煤可达 5%。型煤的利用主要在我国的民用设备，我国民用型煤配以先进的炉具，热效率比烧散煤高 1 倍，一般可节煤 20%~30%，煤尘和 SO_2 减少 40%~60%。

燃烧中的净化燃烧技术，主要是流化床燃烧技术和先进燃烧器技术。流化床又叫沸腾床，有泡床和循环床两种，由于燃烧温度低可减少氮氧化物排放量，煤中添加石灰可减少二氧化硫排放量，炉渣可以综合利用，能烧劣质煤，这些都是它的优点；先进燃烧器技术是指改进锅炉、窑炉结构与燃烧技术，减少二氧化硫和氮氧化物的排放技术。

燃烧后的净化处理技术，主要是消烟除尘和脱硫脱氮技术。消烟除尘技术很多，静电除尘器效率最高，可达 99% 以上，电厂一般都采用。排烟脱硫系统常采用强制氧化脱硫法，应用石灰石作脱硫剂脱硫后生产石膏。在每台锅炉安装多个喷雾吸收塔和一个备用吸收塔，每个塔有多排喷雾嘴，碱性浆液喷向逆向流动的酸性烟气流。喷嘴按传输需要依次通、断。从排烟脱硫装置出来的泥浆需经浓缩槽、过滤器等脱水沉淀到堆贮器。由于生成的石膏产品中的氯化物及有机酸等杂质影响石膏墙板质量，因此系统装有一套水平带式过滤器清除杂质并使石膏脱水。对于高硫煤一般经洗煤脱去 4% 的硫，再经烟气脱硫处理可脱去 86% 的硫，最后可达到环保要求脱硫 90% 的规定。烟气脱硫控制技术是很实用的做法，不但可以脱硫减少污染，而且其副产品还可生产建筑用石膏板，进而降低电厂发电成本。

3.2 核　能

让世界知道核的日子应该是 1945 年 8 月 6 日和 9 日，这两天美军分别向日本的长崎和广岛投下了两颗代号分别为 Boy 和 Fat 的两颗原子弹（见图 3-4），据日本官方统计，这两次核爆炸直接炸死 3 万多人，此后 15 年，因为辐射以及放射粉尘而死亡的人数有 19 万。核能是以这样极其不光彩的"开场白"登上人类历史舞台的，这也就导致人类对核能利用的恐惧，外加冷战时期美苏两个超级大国的核军备竞赛，更加剧了人类对核能的恐惧。但凡事都有两面性，核能能摧毁人类也能造福人类，正如滕建群上校所说核能开发与利用像其他技术一样，一经发现，它即经历了分裂：一是为军事所吸纳；二是用于发电、医疗等领域，成为造福人类的重能源。

核能给人类的第一张名片Boy和Fat

两颗原子弹爆炸时令人毛骨悚然的美丽

城市被核子武器攻击后的惨状

图 3-4　原子弹及爆炸后的景象

人类对核能的恐惧除了以上原因外，还有对各种射线辐射的忧虑。因为射线无色无味，看不见摸不着，人类可能天生对某些不能感知的事物心存畏惧，但辐射并不是因为人类发明了原子弹而产生的，在辐射防护中，希沃特是辐射剂量的一种单位，记作 Sv。

我们常见的有 α 射线、β 射线和 γ 射线三种。α 射线是氦原子核流，β 射线是电子流，γ 射线是波长短于 0.02nm 的电磁波，其中 α 射线的电离能力最强，β 射线次之，电离能力最差的是 γ 射线，三种射线的穿透能力和上边的顺序相反（见图 3-5）。

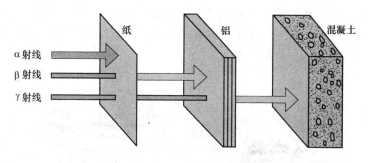

图 3-5　各种射线的透射能力

在现实生活中，辐射离我们并不遥远，我们无时无刻不在接受着放射性照射，因为阳光就是太阳上氢原子核发生核聚变反应所放出的一种能量形式。还有我们平时进行体检时所进行的某些检测，如拍 X 光（图 3-6），做脑 CT 检查等。

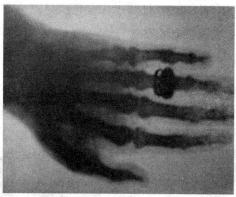

图 3-6　伦琴及人类历史上第一张 X 光照片

3.2.1　核能的原理

我们身边的一切物质都是由原子构成的，核能就是由小小的原子核发生某种变化而释放出来的。较轻的原子核融合成一个新核或重核分裂成其他新核都将释放出能量，我们分别称之为核聚变和核裂变，目前人类能加以控制的是核裂变，我们的核电站都是利用核裂变进行发电的。核能发电利用铀燃料进行核分裂连锁反应所产生的热,将水加热成高温高压,核反应放出的热量较燃烧化石燃料放出的能量要高很多(相差约百万倍)。

核裂变的原理图如图 3-7 所示,一个中子轰击重核^{235}U,使其分裂成两个较轻的核,并发射出 2~3 个中子和射线放出能量,新产生的中子继续轰击其他^{235}U核,并继续产生中子放出能量,这样使裂变反应自持进行,如果不人为地干涉反应进行,就相当于我们所说的原子弹,人为地控制反应速度,在裂变反应爆发的临界点通过中子吸收材料对中子的吸收使核反应很快停止下来,达到控制反应进行的目的,这就相应于核反应堆。

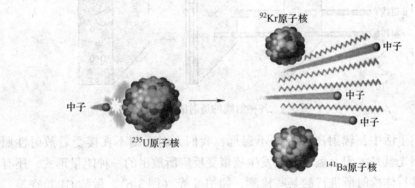

图 3-7　核裂变原理示意图

3.2.2　核能发电的原理

目前商用化的核电站都是通过核裂变工作的,既然是通过裂变工作,首先需要解决的就是"燃料"问题,现在的核电站都是通过什么发电呢?前面以^{235}U(两种铀矿石如图 3-8 所示)为例介绍过核能的原理,那核电站的燃料就是^{235}U 吗?

图 3-8　两种铀矿石(放大 10000 倍)

随着电力需求量的迅速增长和由此引起的能源不足，核能已经成了一种重要的替代能源，目前可以作为反应堆核燃料的易裂变同位素有^{235}U，^{239}Pu 和^{233}U 三种。其中只有^{235}U 是在自然界中天然存在的，但天然铀中只含 0.71%的^{235}U。因此单纯以^{235}U 作为燃料很快就会使天然铀资源耗尽。

幸运的是，我们可以把天然铀中 99%以上的^{238}U 或^{232}Th 转换成人工易裂变同位素^{239}Pu 或^{233}U，这一过程称为转换或增殖，反应过程如下：

$$^{238}\text{U}(n,\ \gamma)^{239}\text{U} \xrightarrow[23\text{min}]{\beta^-} {}^{239}\text{Np} \xrightarrow[2.3\text{d}]{\beta^-} {}^{239}\text{Pu}$$

$$^{232}\text{Th}(n,\ \gamma)^{235}\text{Th} \xrightarrow[22\text{min}]{\beta^-} {}^{233}\text{Pa} \xrightarrow[27\text{d}]{\beta^-} {}^{233}\text{U}$$

当然这是一个复杂的过程，需要经过化学，物理、机械加工等复杂而又严格的过程，制成形状和品质各异的元件，才能供各种反应堆作为燃料来使用。

如果把核燃料比作石油，核反应堆就相当于发动机的气缸，反应堆是把核能转化为热能的装置（见图 3-9）。核燃料裂变产生大量热能，用循环水（或其他物质）导出热量使水变成水蒸气，推动汽轮机发电，这就是核能发电的原理。当然，实际发电过程是十分复杂的。

图 3-9 核电站的心脏——反应堆

发动机光有气缸是不能正常工作的，必须有装置将能量输出。这点同反应堆一样，反应堆把核能转化为热能，热能并不能直接用来发电，因此我们需要另一个关键设备——蒸汽发生器（见图 3-10）。蒸汽发生器为反应堆冷却剂系统和二回路系统间的传热设备，它将反应堆冷却剂的热量传给两侧的水，此两侧的水蒸发后形成汽水混合物，经汽水分离干燥后的饱和蒸汽作为驱动汽轮机的工质。

反应堆冷却剂泵（主泵）是用来输送反应堆冷却剂，功能类似于发动机水

图 3-10 反应堆的能量输出装置——蒸汽发生器

泵，使冷却剂在反应堆、主管道和蒸发生器所组成的密闭环路中循环，以便将反应堆产生的热量传递给二回路介质。全球首台三代核电 AP1000 主泵如图 3-11 所示。

图 3-11 全球首台三代核电 AP1000 主泵

如果说以上装置是"发动机"，那么核电站中汽轮发电机组就相当于汽车能量输出的终端——轮子（见图 3-12），汽轮发电机组是通过蒸汽推动汽轮机高速转动，带动发电机工作，从而产生电能的装置，这也是建核电站的终极目标。

按反应堆冷却剂和中子慢化剂的不同，反应堆可分很多种，目前核电站的反应堆型主要是压水堆、沸水堆、重水堆、改进型气冷堆、压力管式石墨沸水堆，快中子增殖堆。压水堆工作示意图如图 3-13 所示。

图 3-12　核电站的"轮子"

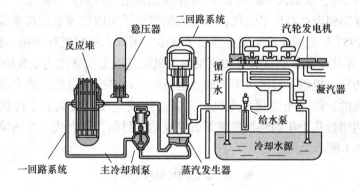

图 3-13　压水堆工作示意图

3.2.3　发展核能的必要性及前景

　　21 世纪是能源的世纪，我国经济的高速发展离不开能源，但我国作为世界大国并不拥有与国力相当的能源储备，随着经济全球化、政治多元化，能源已经上升到了国家安全层面，伊拉克战争后的国际石油形势已经凸显出了中国能源安全潜伏的危机。现代世界谁掌握了能源，谁就拥有优先发展的权力。

　　随着人类的发展，常规能源迟早有耗尽的一天，有人计算过，按照现在的消耗速度，石油还够我们使用 50 年，如果人类坐以待毙迎来的只有能源危机。风能、太阳能、地热能、潮汐能、生物质能、海水温差等新能源很难在短期内实现大规模的工业生产和应用。只有核能，才是一种可以大规模使用的安全的和经济的工业能源。从 20 世纪 50 年代以来，美国、法国、比利时、英国、日本、加拿大等发达国家都建造了大量核电站，核电站发出的电量已占世界总发电量的16%，其中法国核电的发电量占该国总发电量的78%。

核电是一种经济能源，在一些核电发达国家，核电的发电成本已经低于煤电。根据早年日本的一项调查显示，如果核能的成本为100，经过换算，水电为163，石油火电为137，液化天然气火电为137，煤炭火电为112。

核能是一种清洁能源，与常规能源相比，核电本身不排放 SO_2，NO_x 和烟尘，也不排放形成温室效应的 CO_2 等气体。

核能是一种高效能源，与煤电厂相比，一座30万千瓦核电站，每年只需换料14t，其运输量是同样规模煤电厂的十万分之一。

核能是一种安全能源，只要能确保自身安全运行，核电站对环境的影响是极小的，核电站产生的放射性物质受到严格的监控，运行时严格控制三废的排放量。即使在发生事故的情况下，对周围居民不会有很大影响。

我国核电起步并不晚，但与国际先进水平相比还有一定的差距，目前我国核能发电量占2%，根据国家的规划2020年核能发电量将达到4%。

核电发展到现在经历了三代，并已经规划出了第四代核电的技术指标。1954年苏联和1957年美国建成了实验性原子电站，国际上把它们称为第一代核电站；20世纪60年代中期，在试验性和原型核电机组基础上，陆续建成电功率在30万千瓦以上的核电机组，目前世界上商业运行的400多座核电机组绝大部分是在这段时期建成的，称为第二代核电机组；第三代核电技术吸取了二代核电运行经验，充分利用近几十年的科技成果而研发成功。目前，具有代表性的第三代核电技术如表3-1所示。

表 3-1 目前的先进核电技术

AP1000	非能动先进压水堆
EPR	欧洲压水堆
APR1400	韩国先进压水堆
APWR	先进压水堆（日本三菱）
ABWR	先进沸水堆（GE）
ESBWR	经济简化性沸水堆（GE）

我国为了提升自己的核电技术、缓解资源与环境压力，全面引进 AP1000 核电技术，并在我国浙江三门、山东海洋开工建设。

能源是人类永恒的话题，尽管现在的核能技术已经留给人类无限美好的想象空间，但追求完美的人一定还要问，铀矿石消耗完人类的出路在哪？答案还是核能，国际热核试验堆 ITER（international thermonuclear experimental reactor）已在法国的马赛落户，这是一项可以让人类永远不为能源发愁的研究项目。

我们开始介绍了核能包括核裂变和核聚变，现在人类能加以控制的是核裂变，有一种仅用 1g 燃料即可获取 8t 石油能量的方法，这就是核聚变。氘-氚核聚变可以释放出大量能量，氘大量存在于海水的重水之中，特别是海洋表层 3m 左右的海水里。据测算，每升海水中含有 0.03g 氘，所以地球上仅在海水中就有 45 万亿吨氘。聚变反应堆不产生硫、氮氧化物等环境污染物质，不释放温室效应气体；氘-氚反应的产物没有放射性，中子对堆结构材料的活化也只产生少量较容易处理的短寿命放射性物质。核聚变具有危险非常小的特征，绝对不会发生像美国三哩岛和前苏联切尔诺贝利核电站发生的事故，因为一旦发生故障，由于堆内的温度下降，核聚变反应便会自动停止，不必担心会失控。因此，核聚变反应堆可以建设在大都市的近郊。可控核聚变装置效果图如图 3-14 所示。

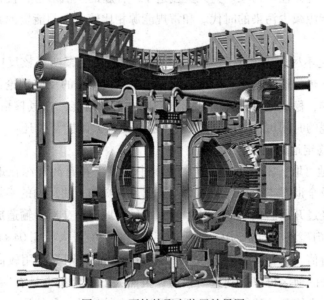

图 3-14 可控核聚变装置效果图

3.3 太阳能

随着化石能源的日益枯竭、人们对环境保护问题的重视程度不断提高，寻找洁净的替代能源问题变得越来越迫切。太阳能是一种清洁的自然再生能源，取之不尽，用之不竭。开发和利用太阳能，既不会出现大气的污染，亦不会影响自然界的生态平衡，而且阳光所及的地方，都有太阳能可以利用，太阳能以其长久性、再生性、无污染等优点备受人们的青睐。

现在，太阳能的利用还不是很普及，利用太阳能发电还存在成本高、转换效率低的问题，但是太阳能电池在为人造卫星提供能源方面得到了应用。太阳能是太阳内部或者表面的黑子连续不断的核聚变反应过程产生的能量。地球轨轨道上的平均太阳辐射强度为 $1369W/m^2$。地球赤道的周长为 $40000km$，从而可计算出，地球获得的能量可达 $173000TW$。在海平面上的标准峰值强度为 $1kW/m^2$，地球表面某一点 $24h$ 的年平均辐射强度为 $0.20kW/m^2$，相当于有 $102000TW$ 的能量。人类依赖这些能量维持生存，其中包括所有其他形式的可再生能源（地热能资源除外），虽然太阳能资源总量相当于现在人类所利用的能源的 1 万多倍，但太阳能的能量密度低，而且它因地而异，因时而变，这是开发利用太阳能面临的主要问题。太阳能的这些特点会使它在整个综合能源体系中的作用受到一定的限制。

太阳能既是一次能源，又是可再生能源。它资源丰富，既可免费使用，又无须运输，对环境无任何污染。为人类创造了一种新的生活形态，使社会及人类进入一个节约能源减少污染的时代。和常规能源相比较，太阳能资源具有如下 5 个优越性：

（1）取之不尽，用之不竭。太阳内部由于氢核的聚变热核反应，从而释放出巨大的光和热，这就是太阳能的来源。根据氢核聚变的反应理论计算，如果太阳像目前这样，稳定地每秒钟向其周围空间发射辐射能，在氢核聚变产能区中，氢核稳定燃烧的时间可在 60 亿年以上。也就是说太阳能至少还可像现在这样有 60 亿年可以稳定地被利用。

（2）就地可取，不需运输。矿物能源中的煤炭和石油资源在地理分布上的不均匀，以及全世界工业布局的不均衡造成了煤炭和石油运输的不均衡。这些矿物能源必须经过开采后长途运送，才能到达目的地，给交通运输造成压力。

（3）分布广泛，分散使用。太阳能年辐射总量一般大于 $5.04×10^6kJ/m^2$，就有实际利用价值，若每年辐射量大于 $6.3×10^6kJ/m^2$，则为利用较高的地区。世界上约有 1/2 的地区可以达到这个数值。虽然太阳能分布也具有一定的局限性，但与矿物能、水能和地热能等相比仍可视为分布较广的一种能源。

（4）不污染环境，不破坏生态。人类在利用矿物燃料的过程中，必然释放出大量有害物质，如 SO_2、CO_2 等，使人类赖以生存的环境受到了破坏和污染。此外，其他新能源中水电、核能、地热能等，在开发利用的过程中，也都存在着一些不能忽视的环境问题。但太阳能在利用中不会给空气带来污染，也不破坏生态，是一种清洁安全的能源。

（5）周而复始，可以再生。在自然界可以不断生成并有规律地得到补充的能源，称为可再生能源。太阳能属于可再生能源。煤炭、石油和天然气等矿物能源经过几十亿年才形成，而且短期内无法恢复。当今世界消耗石油、天然气和煤炭的速度比大自然生成它们的速度要快 100 万倍，如果按照这个消耗速度，在几十亿年时间里所生成的矿物能源将在几个世纪内就被消耗掉。

3.3.1 太阳能利用及其产业发展

根据可持续发展战略，太阳能热利用在替代高含碳燃料的能源生产和终端利用中大有用武之地。太阳能热利用具有广阔的应用领域，可归纳为太阳能热发电（能源产出）和建筑用能（终端直接用能），包括采暖、空调和热水。当前太阳能热利用最活跃、并已形成产业的当属太阳能热水器和太阳能热发电。

3.3.1.1 太阳能热水器

在世界范围内，太阳能热水器技术已很成熟，并已形成行业，正在以优良的性能不断地冲击电热水器市场和燃气热水器市场。国外的太阳能热水器发展很早，但 20 世纪 80 年代的石油降价，加之取消对新能源减免税优惠的政策导向，使工业发达国家太阳能热水器总销售量徘徊在几十万平方米。世界环境发展大会之后，许多国家又开始重视太阳能热水器在节约常规能源和减少排放 CO_2 方面的潜力。目前，我国是世界上太阳能热水器生产量和销售量最大的国家，目前，我国从事太阳能热水器研制、生产、销售和安装的企业达到 1000 余家，年产值 20 亿元，但从房屋的热水器安装率来说，以色列已达 80%，日本为 11%，我国在千分之几左右，其太阳能热水器的推广应用潜力仍很大。国际上，太阳能热水器产品经历了闷晒式、平板式、全玻璃真空管式的发展。随着世界范围内的环境意识和节能意识的普遍提高，太阳能热水器必将逐步替代电热水器和燃气热水器。虽然太阳能热水器目前仍存在受季节和天气影响的不利因素，但太阳能热水器具有不耗能、安全、无污染性等优势，而且随着技术的发展其经济性也逐渐显露出来。

3.3.1.2 太阳能热发电技术

20 世纪 80 年代太阳能热利用技术的最大突破是实现了太阳能热发电的商业化，太阳能热发电在技术上和经济上可行的三种形式是：（1）30~80MW 线聚焦抛物面槽式太阳热发电技术（简称抛物面槽式）；（2）30~200MW 点聚焦中央接收式太阳热发电技术（简称塔式）；（3）7.5~25kW 的点聚焦抛物面盘式太阳能热发电技术（简称抛物面盘式）。在上述三种技术中，抛物面槽式领先一步，美国加州的 9 座太阳热发电站可以代表槽式热发电技术的发展现状。塔式太阳热发电技术也是集中供电的一种适用技术，目前只有美国巴斯托建的一座叫"Solar Ⅱ"的电站，功率为 43MW，该电站成功运行两年后，两家美国电力公司计划建两座 100MW 的电站。为了提高塔式电站的效率，有人提出了一种新想法，把带有太阳能塔的定日镜阵列附加到先进联合循环电站上作为燃料节省装置，采用甲烷重整工艺，以太阳能提高天然气等级。抛物面盘式太阳热发电技术很适合于分散式发电，可以在偏远地区用作独立系统。作为太阳能供电的一种方式，太阳热发电技术在经济上是可行的，而且有较大的市场潜力。在美国加州的太阳热发电站建造过程中，由于技术进步及容量的增大，电站的装机造价和发电成本显著下降。

20世纪50年代第一块实用的硅太阳电池的问世，揭开了光电技术的序幕，也揭开了人类利用太阳能的新篇章。自20世纪60年代太阳电池进入空间、70年代进入地面应用以来，太阳能光电技术发展迅猛。世界观察研究所在其最近一期研究报告中指出，利用太阳能获取电力已成为全球发展最快的能量补给方式。

当前影响光电池大规模应用的主要障碍是它的制造成本太高。在众多发电技术中，太阳能光电仍是花费最高的一种形式，因此，发展太阳能发电技术的主要目标是通过改进现有的制造工艺，设计新的电池结构，开发新颖电池材料等方式降低制造成本，提高光电转换效率。近年来，光伏工业呈现稳定发展的趋势，发展的特点是：产量增加，转换效率提高，成本降低，应用领域不断扩大。单晶硅太阳电池的平均效率为15%，澳大利亚新南威尔士大学的实验室效率已达24.4%；多晶硅太阳电池效率也达14%，实验室最大效率为19.8%；非晶硅太阳电池的稳定效率，单结电池为6%~9%，实验室最高效率为12%，多结电池为8%~10%，实验室最高效率为11.83%。最近，瑞士联邦工学院M·格雷策尔研制出一种二氧化钛太阳能电池，其光电转换率高达33%，并成功地采用了一种无定形有机材料代替电解液，从而使它的成本比一块差不多大的玻璃贵不了多少，使用起来也更加简便。可以预料，随着技术的进步和市场的拓展，光电池成本及售价将会大幅下降。

近年来，围绕光电池材料、转换效率和稳定性等问题，光伏技术发展迅速，日新月异。晶体硅太阳能电池的研究重点是高效率单晶硅电池和低成本多晶硅电池。限制单晶硅太阳电池转换效率的主要技术障碍有：（1）电池表面栅线遮光影响；（2）表面光反射损失；（3）光传导损失；（4）内部复合损失；（5）表面复合损失。针对这些问题，近年来开发了许多新技术，主要有：（1）单双层减反射膜；（2）激光刻槽埋藏栅线技术；（3）绒面技术；（4）背点接触电极克服表面栅线遮光问题；（5）高效背反射器技术；（6）光吸收技术。随着这些新技术的应用，发明了不少新的电池种类，极大地提高了太阳能电池的转换效率。光伏技术发展的另一特点是薄膜太阳能电池研究取得重大进展和各种新型太阳能电池的不断涌现。晶体硅太阳能电池转换效率虽高，但其成本难以大幅度下降，而薄膜太阳能电池在降低制造成本上有着非常广阔的诱人前景。

光伏技术发展的趋势，近期将以高效晶体硅电池为主，然后逐步过渡到薄膜太阳能电池和各种新型太阳能光电池的发展。应用上将从屋顶系统突破，逐步过渡到与建筑一体化的大型并网光伏电站的发展。

3.3.1.3 太阳能光电制氢

20 世纪 70 年代科学家发现：在阳光辐照下 TiO_2 之类宽频带间隙半导体，可对水的电解提供所需能量，并析出 O_2 和 H_2，从而在太阳能转换领域产生了一门新兴学科——光电化学。随着光电化学及光伏技术和各种半导体电极试验的发展，使得太阳能制氢成为发展氢能产业的最佳选择。

1995 年，美国科学家利用光电化学转换中半导体/电介质界面产生的隔栅电压，通过固定两个光粒子床的方法，来解决水的光催化分离问题取得成功。其两个光粒子床概念的光电化学水分解机制为

H$_2$ 的光反应 $\quad 4H_2O + 4M \longrightarrow 2H_2 + 4OH^- + 4M^+$

O$_2$ 的光反应 $\quad 4OH^- + 4M^+ \longrightarrow O_2 + 2H_2O + 4M$

净结果为

$$2H_2O \longrightarrow 2H_2 + O_2$$

式中，M 为氧化还原介质。

近来，美国国家可再生能源实验室还推出了一种利用太阳能一次性分解成氢燃料的装置。该装置的太阳能转换率为 12.5%，效率比水的两步电解法提高 1 倍，制氢成本也只有电解法的大约 1/4。日本理工化学研究所以特殊半导体做电极，铂对电极，电解质为硝酸钾，在太阳光照射下制得了氢，光能利用效率为 15% 左右。

在太阳能制氢产业方面，1990 年德国建成一座 500kW 太阳能制氢示范厂，沙特阿拉伯已建成发电能力为 350kW 的太阳能制氢厂。印度于 1995 年推出了一项制氢计划，投资 4800 万美元，在每年有 300 个晴天的塔尔沙漠中建造一座 500kW 太阳能电站制氢，用光伏-电解系统制得的氢，以金属氧化物的形式储存起来，保证运输的安全新能源。自 20 世纪 90 年代以来，德国、英国、日本、美国等国已投资积极进行氢能汽车的开发。美国佛罗里达太阳能中心研究太阳能制氢（SH）已达 10 年之久，最近用 SH 作为汽车燃料（压缩天然气）的一种添加剂，使 SH 在高价值利用方面获得成功，为氢燃料汽车的实用化提供了重要基础。其他，在对重量十分敏感的航天、航空领域以及氢燃料电池和日常生活中"贮氢水箱"的应用等方面氢能都将获得特别青睐。

由于氢是一种高效率的含能体能源，它具有质量最轻、热值高、"爆发力"强、来源广、品质纯净、储存便捷等许多优点，因此，随着太阳能制氢技术的发展，用氢能取代碳氢化合物能源将是 21 世纪的一个重要发展趋势。

3.3.2 我国太阳能开发利用的现状

自 20 世纪 70 年代末，政府有关部门开始支持引进、消化、吸收国外太阳能先进技术和设备，经过多年自主发展，我国太阳能热水器已形成行业，并成为世

界上产量和销售量最大的国家。近几年，我国太阳能热水器生产规模和市场销量保持持续高速发展的势头。随着太阳能热水器企业技术改造的深入进行和生产规模的扩大，以及集团化热水器企业的建立，我国太阳能热水器在今后相当长的时期内，将会保持高速的发展速度。

我国太阳能热水器不仅产销量世界第一，而且在产品质量、集热技术上也已达国际先进水平。清华大学研制的全玻璃真空管集热器和北京太阳能研究所研制的热管式真空管太阳能集热器代表了当前国际前沿技术，具有良好的性能，可全年供应热水，且防冻裂，如热管在-50℃的自然环境下也不会冻裂，解决了困惑该行业多年的难题。因此，其产品在国内市场上占有率逐年提高，在国际市场也颇具竞争力。

我国的太阳能光电技术自20世纪70年代以来，经过长期的技术攻关，有了很大的发展，但比起太阳能热水器产业显得势单力薄。日前产品主要为单晶硅光电池和非晶硅电池，其他类型的光电池目前还处于研制阶段。

目前为止，我国太阳能光电系统的总安装容量在10MWp以上，多数用于交通信号、通信和阴极保护等方面，约占60%以上，其余用于我国西部阳光资源丰富的边远地区。实践证明，光伏技术在我国偏远无电地区（特别是西部）应用推广具有特殊的重要作用。

除太阳能热水器外，太阳能温室、塑料大棚目前在我广大农村得到较快的发展和普及，其增产节能效果已为普通百姓所共识。目前不仅种植业广为应用，在水产养殖、禽畜饲养等方面的应用也不断扩大。我国在太阳灶的开发利用和推广方面发展很快，太阳灶在我国农村节能中效果非常显著。

与国际太阳能开发技术与推广状况相比，我国太阳能开发利用及其推广应用有其成功和可喜之处，但也存在很多问题和不足，相比之下，在太阳能科学研究方面，我国科学家将会很快赶上甚至超过世界先进水平，但在太阳能产业发展方面，要缩短与世界先进水平的差距，将会困难重重，需要较长的时间。因此，如何发展我国太阳能产业，引起更多人士的思考。

能源新技术是世界能源发展的方向，是知识经济的体现。如前所述，太阳能在世界能源结构转移中处于突出位置，是能源新技术的重点发展领域。随着太阳能开发利用技术的日趋成熟，以及在世界发达国家的强力推动下，太阳能开发利用新高潮已经到来，"太阳能经济"时代也即将来临。我国政府应采取更加积极有效的措施，从观念上重视，从行动上体现，加快太阳能开发利用的步伐，以迎接太阳能经济时代的到来。

重视太阳能的开发利用，首先要从观念上改变。观念的改变，各级政府是关键，因为开发新能源，一靠政策、舆论，二靠科技、示范，三靠资金、资助。只有各级政府在观念上重视太阳能的开发利用，才能制订优惠政策，才能想方设法加大资金投入进行科研、示范和推广。世界上许多发达国家如美国、日本、德国等非常重视太阳能等新能源的开发利用，不惜投入重金，这当然与他们强大的经济实力有关；印度是发展中国家，人口众多，与我国的国情相似，但印度政府非常重视新能源的开发利用，为此专门成立了非常规能源部，主管太阳能、风能等新能源的开发利用，使印度的新能源发展突飞猛进，令世界瞩目。印度政府历来重视像核能、航天卫星、风能、太阳能等体现知识经济的高科技产业的发展，这一点值得我国政府效仿。

3.4 风　能

风是人类最常见的自然现象之一，在气象学上把垂直方向的大气运动称为气流，把水平方向的大气运动称为风。国际标准大气是指存在于地球周围，包围着地球，地球表面以上海拔 0~300km 范围内的气体。大气流动是从压力高处往压力低处流，因此，大气压力差是风形成的主要因素。当太阳加热地球一面的空气、水面和大地时，地球的另一面通过向宇宙空间的热辐射而冷却，地球每日不停地转动，使其整个表面都轮流经历这种加热和散热的周期变化。

由于陆地的比热容比海洋小，所以白天陆地上的气温比海面上的空气温度上升得更快，这样，陆地上较热的空气就膨胀上升，而海面上较冷的空气便流向陆地，以补充上升的热空气，这种吹向陆地的风称为"海风"。在夜间，其风向恰恰相反，因为陆地比海洋冷却得更快，所以陆地上的冷空气流向海面以补充上升的热空气，这种从陆地吹向海洋的风，称之为"陆风"。它在中纬度地区可以从海岸线深入内陆 50 多公里，而在热带地区则可深入内陆远至 200 多公里。

空气运动具有动能。风能是指风所具有的动能。对全球风能储量的估计在世界气象组织（WMO）出版的技术报告中认为：全球风能总储量为 3×10^{17} kW，其中可利用的风能为 2×10^{10} kW。全国风能资源储量估算是离地面 10m 高度层上的风能资源量，而非整层大气或整个近地层内的风能量。中国地面 10m 高度层上可开发利用的风能储量为 10×10^8 kW。大型风力发电机要求考虑距地面 50m 或更高处的风能资源，因此，中国可开发利用的风能资源可超过 20×10^8 kW。

3.4.1 风能的特点

风能储量巨大，是太阳能的一种表现形式。因此，风能是可再生的、对环境无污染、对生态无破坏的清洁能源。开发风能对于人类社会可持续发展具有重要历史和现实意义。

自然风是一种随机的湍流运动，风能的不稳定性也是风能的弱点之一。目前国际上评价风电场的基准认为，风电场年平均风速（地面上 10m 高度层）达到

5m/s 以上，年上网电量为等效满负荷 2000h 为经济效益好的风电场。因此，风能的不稳定性也是促使风电生产成本增高的因素之一。

尽管风能利用存在很多弱点，但是，风能是近 10 年世界上增长最快的清洁能源，是未来基于可持续发展和零污染电能的一线希望。现在，全世界有 45 个以上的国家正积极促进风能事业的发展。促使风能应用增长的原因已经从紧迫的能源需要发展到改善全球气候恶化状况的需要。风能不仅提供完全避免 CO_2（主要的温室效应气体）排放的动力源，而且不产生任何与化石燃料或核物质发电有关的污染物，风电也能以并网方式大规模传送。随着高新技术在风力发电系统上的应用，$1kW \cdot h$ 风电生产成本已经是 20 年前的 1/5。预计 2020 年风电生产成本将降低到目前的 50%。

3.4.2 风力机与风力发电机技术的发展史

风能，是人类最早使用的能源之一。风力机最初用于抽水和磨面。公元 644 年波斯人制造了立轴式磨面用风力机。中世纪荷兰与美国已有用于排灌的水平轴风力机。中国宋朝是风力机的全盛时期，当时流行着垂直轴天津风车。16 世纪后半叶在荷兰建造了专为榨油用和造纸用的风力机。美国中西部的多叶式风力提水机，在 18 世纪末曾多达数百万台，而在 19 世纪末，丹麦拥有 3000 台工业用的风力机和 3 万台用于家庭和农场的风力机。

1890 年丹麦的 P·拉库尔成功研制了风力发电机，1908 年丹麦已建成几百个小型风力发电站。自 20 世纪初至 20 世纪 60 年代末，一些国家对风能资源的开发，尚处于小规模的利用阶段。

随着大型水电、火电机组的采用和电力系统的发展，1970 年以前研制的中、大型风力发电机组因造价高和可靠性差而逐渐被淘汰，到 20 世纪 60 年代末相继都停止了运转。这一阶段的试验研究表明，这些中、大型机组一般在技术上还是可行的，它为 20 世纪 70 年代后期的大发展奠定了基础。

1973 年，国际上出现了石油危机，不少国家面临能源短缺的困境，为此提出了能源多样化发展战略，因而风能的研究和开发工作又重新得到了重视。美国、荷兰、丹麦、英国、德国、日本、苏联、加拿大等国都对大力开发风能制定了规划，制定了采取扶持资助的鼓励性政策和法规。中国开始重视风能的研究和开发。

1980 年以来，国际上风力发电机技术日益走向商业化。主要机组容量有 300kW、600kW、750kW、850kW、1MW、2MW。1991 年丹麦在 Vindeby 建成了世界上第一个海上风电场，由 11 台丹麦 Bonus 450kW 单机组成，总装机 4.95MW。随后荷兰、瑞典、英国相继建成了自己的海上风电场。目前，已经具备离岸风力发电设备商业生产能力的厂家，主要有丹麦的 Vestas（包括被其整合的 NEG-Micon），美国的 GE 风能，德国的 Nordex、Repower、Pfleiderer/Prokon、Bonus 和德国著名的 Enercon 公司。

　　风力发电机是把风能转换为电能的装置，鉴于风力发电机种类繁多，因此分类法也有多种。按叶片数量分为单叶片、双叶片、三叶片、四叶片和多叶片；按主轴与地面的相对位置分为水平轴、垂直轴（立轴）式；按桨叶工作原理分为升力型、阻力型。特殊型风力发电机有集流式、扩压式、旋风式和浓缩风能型等。目前风力发电机三叶片水平轴类型居多。

　　水平轴风力机（Horizontal-Axis-Rotor Wind Energy Conversion System）是指叶轮轴线安装位置与水平面夹角不大于 15°，其主要形式如图 3-15 所示。水平轴风力机可以是升力装置（即升力驱动叶轮），也可以是阻力装置（阻力驱动叶轮）。多数设计为升力型，因为升力比阻力大得多。另外，一般阻力装置的运动速度没有风速快；升力装置可以得到较大的尖速比（叶轮叶片尖端速度与风速之比），

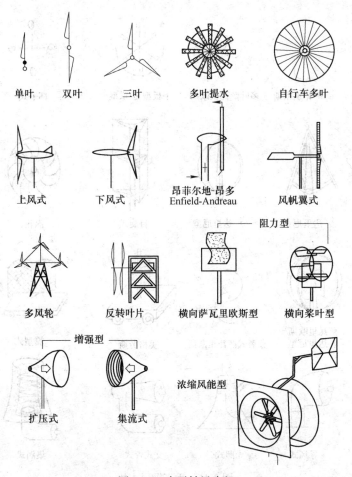

图 3-15　水平轴风力机

因此输出功率与质量之比大，价格和功率之比较低。水平轴风力机的叶片数量可以不同，从具有配平物的单叶片风力机，到具有很多叶片（最多可达50片以上）的风力机均可见到。有些水平轴风力机没有对风装置，风力机不能绕垂直于风的垂直轴旋转，一般说来，这种风力机只用于有一个主方向风的地方。而大多数水平轴风力机具有对风装置，能随风向改变而转动。这种对风装置，对于小型风力机，是采用尾舵，而对于大的风力机，则利用对风敏感元件。有些水平轴风力机的叶轮，在塔架的前面迎风旋转，称为上风式风力机；而在塔架后面的，称为下风式风力机。

垂直轴风力发电机（Vertical-Axis-Rotor Wind Energy Conversion System）是指叶轮轴线安装位置与水平面夹角大于15°到90°之间（不包括90°）的风力机，其主要形式如图3-16所示。垂直轴风力机在风向改变时，无须对风。在这点上，相对水平轴风力机是一大优点。这使结构简化，同时也减少了叶轮对风时的陀螺力。

图 3-16 垂直轴风力机

利用阻力旋转叶轮的垂直轴风力机有几种类型，其中有利用平板和杯子做成的叶轮，这是一种纯阻力装置。S 型叶轮，具有部分升力，但主要还是阻力装置。这些装置有较大的起动力矩（和升力装置相比），但尖速比较低。在叶轮尺寸、质量和成本一定的情况下，提供的功率输出较低。

达里厄式叶轮是法国 G. J. M. 达里厄于 19 世纪 20 年代发明的。在 20 世纪70 年代初，加拿大国家科学研究院进行了大量的研究，现在是水平轴风力机的主要竞争者。达里厄型叶轮是一种升力装置，弯曲叶片的剖面是翼型，它的起动扭矩低，但尖速比可以很高，对于给定的叶轮质量和成本，有较高的功率输出。现在有多种达里厄风力机，如 φ 形、△ 形、Y 形、◇ 形等。这些叶轮可设计成单叶片、双叶片、三叶片或多叶片。

其他形式的垂直轴叶轮有美格劳斯效应叶轮，它由自旋的圆柱体组成。当它在气流中工作时，产生的移动力是由美格劳斯效应引起的，其大小与风速成正比。

水平轴风力发电机有的具有反转叶片的叶轮；有的在一个塔架上安装多个叶轮，以便在输出功率一定的条件下，减少塔架的成本。30kW 双叶轮风力发电机于 2001 年 2 月安装运行，后一叶轮直径大于前一叶轮，前一叶轮内侧风速大幅度下降、外侧风速增加了 10% 以上，利用外侧风速增加使整机空气动力效率增加。

水平轴风力发电机有的利用锥形罩，使气流通过水平叶轮时，集中或扩散，因此使之加速。收缩、扩散组合中间为中央圆筒，在中央圆筒增速效果比单独只有扩散管增速高。该组合式改变外部形状时也会增加中央流路的流速。浓缩风能型风力发电机是在叶轮前方设收缩管，在叶轮后方设扩散管，在叶轮周围设置包括增压弧板在内的浓缩风能装置。当自然风通过浓缩风能装置流经叶轮时，是被加速、整流，流速均匀化后的高质量的气流，因此，此风力机，叶轮直径小、切入风速低、噪声低、安全性高、发电量大。

垂直轴叶轮有的使用管道或旋涡发生器塔，通过套管或扩压器使水平气流变成垂直方向，以增加速度。有些还利用太阳能或燃烧某种燃料增加气流流速。

旋风型风力发电装置是一种人工制造的利用旋风来推动叶轮叶片使其旋转的风力发电装置。这种装置有一个像几十层楼那样高的空心塔体，迎风面打开，背风面关闭，风就进入塔体，然后风相对于塔中心旋转，形成旋涡并向上运动。此时，做内向运动的空气便获得了越来越大的速度，使旋涡增强。最后，空气流成为一个急速旋转的空气团从塔顶逸出，与吹过塔顶的风相互作用，推动叶轮旋转发电。这种风力发电装置能发出数兆瓦的电力。

2001 年 11 月 18 日在阿根廷海滨城市马德普拉塔举行的国际风力发电研讨会上，阿根廷科技人员介绍了他们设计的一种新型风力发电机，这种已经安装在南部巴里洛切市的风力发电机设计新颖，风能利用率比一般风力发电机高1倍。

　　这种设备有两个螺旋桨，一前一后，外面有集风套包裹。通常前面的螺旋桨会阻挡后面螺旋桨接受风力，但是设计师设计了双层集风套，也是一前一后，后面的一个套管在第二个螺旋桨后面形成低压区，加强了叶片受力，旋转速度增加。由于没有减速齿轮箱，造价降低，维修费用也随之降低。新型发电机风能利用率高达60%，传统的风力发电机利用率只有30%。这种风力发电机已经开始试用，功率为30kW，可以给30家住户供电。在不通电网的孤立的农庄和边防哨所这种设备很有使用前途。阿根廷风力协会的专家说，按照这个设计思想，可以使用3个甚至4个螺旋桨，风能利用率还可以提高。

3.4.3　国内外风力发电技术发展现状

　　1973年发生石油危机以后，美国、西欧等发达国家和地区为寻找替代化石燃料的能源，投入大量经费，动员高科技产业，利用计算机、空气动力学、结构力学和材料科学等领域的新技术研制现代风力发电机组，开创了风能利用的新时期。单机容量从最初的数十千瓦发展到最近进入市场的兆瓦级机组；控制方式从单一定桨距失速控制向全桨叶变距和变速恒频发展，预计在最近的几年内将推出智能型风力发电机组；运行可靠性从20世纪80年代初的50%提高到98%以上，并且在风电场运行的风力发电机组全部可以实现集中控制和远程控制。今后的发展趋势是海上风电。

　　风能技术是一项综合技术，它涉及空气动力学、结构力学、气象学、机械工程、电气工程、控制技术、材料科学、环境科学等多个学科和多种领域。风不稳定性、风能流密度低和并网技术的要求推动着风力发电机组的控制技术发展。

3.4.3.1　叶轮控制技术

　　功率调节是叶轮的关键技术之一，目前投入运行的机组主要有两类功率调节方式：一类是定桨距失速控制；另一类是变桨距控制。

　　（1）定桨距失速控制。风力机的功率调节完全依靠叶片的气动特性，称为定桨距风力发电机组。这种机组的输出功率随风速的变化而变化，从风能利用系数 C_p 的关系看，难以保证在额定风速之前使 C_p 最大，特别是在低风速段。这种机组通常设计有两个不同功率，不同极对数的异步发动机。大功率高转速的发动机工作于高风速区，小功率低转速的发动机工作于低风速区，由此来调节尖速比 λ，追求最佳 C_p。当风速超过额定风速时，通过叶片的失速或偏航控制降低 C_p，从而维持功率恒定。实际上难以做到功率恒定，通常有些下降。定桨距失速控制风力机整机机构简单，部件少，造价低，并具有较高的安全系统，利于市场竞争。但失速型叶片本身结构复杂，成型工艺难度也较大。随着功率增加，叶片加长，所承受的气动推力增大，叶片的失速动态特性不易控制，使制造更大机组受到限制）。

（2）变桨距控制。为了尽可能提高风力机风能转换效率和保证风力机输出功率平稳，风力机将进行桨距调整。在定桨距基础上加装桨距调节环节，成为变桨距风力发电机组的。变桨距风力发电机组的功率调节不完全依靠叶片的气动特性，它要依靠与叶片相匹配的叶片攻角改变来进行调节。在额定风速以下时攻角处于零度附近，此时，叶片角度受控制环节精度的影响，变化范围很小，可看作等同于定桨距风力发电机组。在额定风速以上时，变桨距机构发挥作用，调整叶片攻角，保证发电机的输出功率在允许范围以内。变桨距风力发电机组的起动风速较定桨距风力发电机组的低，停机时传动机械的冲击应力相对缓和。风力发电机组正常工作时，主要采用功率控制。对于功率调节速度的反应取决于风机桨距调节系统的灵敏度。在实际应用中，由于功率与风速的三次方成正比，风速的较小变化将造成风能的较大变化。风机的输出功率处于不断变化中，桨距调节机构频繁动作。风力发电机组桨距调节机构对风速的反应有一定的延时，在阵风出现时，桨距调节机构来不及动作而造成风力发电机组瞬时过载，不利于风力发电机组的运行。

变桨距风力机能使叶片的安装角随风速而变化，从而使风力机在各种工况下（起动、正常运转、停机）按最佳参数运行。它可以使发动机在额定风速以下的工作区段有较高的发电量，而在额定风速以上高风速区段不超载，不需要过载能力大的发电机等。当然它的缺点是需要有一套比较复杂的变桨调节机构。现在这两种功率调节方案在技术上都比过去的有很大改进，而两种方式结合称为主动失速，都为大、中型风力发电机组广泛采用。

3.4.3.2　发电机控制技术

恒速恒频系统在同步发电机或异步发电机，通过稳定风力机的转速来保持发电机频率恒定。不论发电机的转矩（对叶轮讲即为阻转矩）如何变化，发电机的转速恒定不变，这要求风力机有很好的调速机构，或采用其他方式维持风力发电机转子转速不变，以便维持发电机的频率与电网的频率相同，否则，发电机将与电网解裂。恒速恒频系统缺点是风能利用系数低，减少了机组的年发电量。

变速恒频发电系统是 20 世纪 70 年代中期开始研究和发展起来的一种新型风力发电系统，其特点是发电机的转速和负荷可以在很大范围内变化而不影响其输出电压和频率的恒定。磁场调速变速恒频发电机是由一台专门设计的高频发电机和一套功率转换电路组成。变速恒频发电系统有多种，如交-直-交系统、变流励磁发电系统、无刷双馈电机系统、开关磁阻电机系统、磁场调制发电系统、同步异步变速恒频发电系统等。现在无刷双馈发电机应用较多。无刷双馈发电机由两台绕线式异步电机组成，两转子的同轴连接省去了滑环和电刷。无刷双馈发电机可在转子转速变化的条件下，通过控制励磁机的励磁电流频率来确保发电机输出电频率保持在 50Hz 不变。因此，无刷双馈发电机可实现变速恒频发电。无刷双馈发电机结构简单，坚固可靠，比较适合风力发电等运行环境比较恶劣的发电系统使用。

直驱式风力发电机组，采用可低转速运行的发电机直接与风力机匹配，省去齿轮箱和高速传动装置，在提高几个百分点效率的同时，可减轻系统重量，降低噪声高速机械磨损，其成本低和维修少，尤其适用于海上风电场。低速运行的发电机为多级结构的永磁同步发电机组，如 Enercon 公司的 E-40 型 500kW 无齿轮风电机组，有 84 极，电机直径达到了 4.8m，使机舱有凸出部，影响了空气动力特性。另一种是垂直轴型无齿轮风电机组是将多级发电机组安装在叶片处，虽然可避免力矩传动轴过长的缺陷，但同时破坏了安装和调试的方便性。目前，1.5MW 的无齿轮箱直接驱动型的风力发电机组已投入商品化生产。

3.4.3.3　并网控制技术

把风力发电机联接到电网上必须满足四个条件：
（1）发电机的频率与电网的频率相等；
（2）发电机的电压（幅值）与电网电压（幅值）相等；
（3）发电机的电压相序与电网电压相序相同；
（4）并联合闸时发电机的电压相角与电网的电压相角一致。

为了实现风力发电机组并网，对叶轮和发电机技术有较高的要求，如上叙述发电机和叶轮的技术。传统的控制模式需要首先建立一个有效的系统模型，而由于空气动力学的不确定性和电力电子模型的复杂性，系统模型不易确定。所有基于某些有效系统模型的控制也仅适合于某个特定的系统和一定的工作周期，由现代控制技术发展，模糊逻辑和神经网络的智能控制被引入风力发电机组控制领域，用模糊逻辑控制进行电压和功率调节，用神经网络控制桨距调节及预测风力气动特性。

前风力发电机组普遍采用的并网方法是软并网技术。采用双向晶闸管的软切入法，使异步发电机并网。同步发电机并网近年得到了发展，通过在同步发电机与电网之间采用变频装置，转速和电网频率之间的耦合问题得以解决，该发电机在变速风力发电机组中得到广泛应用。

目前，小型风力发电机组已有 100W、150W、200W、300W、500W、1kW、2kW、3kW、5kW、10kW、20kW 机组。小型风力发电机组应用地区有农区、牧区、边远地区的边防连队、哨所、海岛驻军、内陆湖泊渔民、地处野外高山的微波站、航标灯、电视差转台站、气象站、森林中的瞭望烽火台、石油天然气输油管道等。

　　小型风力发电机组叶轮采用定桨距和变桨距两种，定桨距失速控制居多；中片数为 2~6，3 叶居多，多叶片限速较好。发电机多为低转速永磁同步电机，永磁材料选用稀土材料，使发电机的效率达到 0.75 以上。调向装置大部分是上风向尾翼调向；调速装置采用叶轮偏置和尾翼铰接轴倾斜式调速、变桨距调速机构或叶轮上仰式调速；功率较大的机组还装有手动刹车机构，以确保风力机在大风或台风情况下的安全。风力发电机组配套的逆变控制器，除具有将蓄电池的直流电转换成交流电的功能外，还具有保护蓄电池的过充、过放、交流泄荷、过载和短路保护等功能，以延长蓄电池的使用寿命。

3.4.4　海上风电发展现状及发展趋势

　　风能作为一种清洁的可再生能源，近几年受到了世界上许多国家的重视。由于发展海上风电，不占用陆上土地，而且海上风能资源丰富，适宜于大规模开发，因而海上风电已成为未来风电发展的必然趋势。我国拥有十分丰富的近海风能资源，东部沿海特别是江苏等沿海滩涂及近海具有开发风电的良好条件。如果能够充分利用这些资源，可以有效缓解我国东部电力供应紧张的现状。但我国的海上风电尚处于初级发展阶段，在海上风电场的建设、风力机的制造及风电并网等方面面临着诸多问题。因此，需要不断地探索，积极研究，以保证海上风电产业健康、稳定且快速的发展。

3.4.4.1　世界海上风电发展现状

　　欧洲是海上风电发展最快的地区。目前，已有的海上风电机组技术基本上是根据海上风况和运行工况，对陆地机型进行改造而来的，其结构也是由叶片、机舱、塔架和基础组成。海上风电机组的设计强调可靠性，注重提高风机的利用率，降低维修率。海上和陆上风电机组的主要差别在于基础。为了承受海上的强风载荷、海水腐蚀和波浪冲击等，海上风电机组的基础远比陆上的结构复杂，技术难度高，建设成本高。

3.4.4.2　我国海上风电发展现状

　　我国主要风电整机企业争先"下海"，在我国陆上风机日趋饱和的情况下，进军海上风电市场成为国内主要整机企业的共同选择。各整机企业积极筹划，先入为主抢占市场。华锐风电成功摘得中国第一个海上风电示范项目——上海东海大桥项目。在 2010 年，34 台 3MW 机组（共计 102MW）全部并网投入运行。金风科技也已于 2007 年在渤海湾中海油的钻井平台试水了海上风机的所有工序，在 2009 年其投资 30 亿元在江苏大丰经济开发区建设海上风电产业基地项目，并计划将其建设成为国内最大、世界领先的海上风电装备制造基地；华仪电气也宣布将超过 4.6 亿元的资金投向 3MW 风力发电机组高技术产业化项目，用于备战海上风电；湘电风能有限公司收购了荷兰达尔文公司，并获得了该公司研究的 DD115—5MW 海上风机的知识产权，为进军海上风电奠定了基础；东方电气 3.6MW 海上机型正在研制中；中船重工（重庆）海装风电充分依托集团公司在海洋工程领域的基础研究和试验基地等优势，整合风电整机和配套设备的研发实力，形成全产业链，现已组织实施了 2MW 近海潮间带批量装机工程，正致力于研发近海 5MW 风电机组。

国家正制定各项政策积极推动海上风电发展。2008 年已完成并发布了《近海风电场工程规划报告编制办法》和《近海风电场工程预可行性研究报告编制办法》，2009 年完成并发布了《海上风电场工程可研报告编制办法》和《海上风电场工程施工组织设计编制规定》，印发了《海上风电场工程规划工作大纲》。2010 年 1 月，国家能源局在《2010 年能源工作总体要求和任务》中称"2010 年，要继续推进大型风电基地建设，特别是海上风电要开展起来"。2010 年 1 月 22 日，国家能源局、国家海洋局联合下发《海上风电开发建设管理暂行办法》，规范海上风电建设。3 月 25 日，工业和信息化部发布《风电设备制造行业准入标准》（征求意见稿），其中明确表示，"优先发展海上风电机组产业化"。同样在 2010 年，国家能源局启动了中国首轮海上风电首批特许权招标，并已经向辽宁、河北、天津、上海、山东、江苏、浙江、福建、广东、广西和海南等 11 省、自治区、直辖市有关部门下发通知，要求各地申报海上风电特许权招标项目。可见，国家开发海上风电的步伐正在加快。

我国在哥本哈根全球气候变化会议做出了两项承诺：到 2020 年非化石能源在能源消费中的比例提高达到 15%，单位 GDP CO_2 排放量比 2005 年减少 40%~45%。经国内外多个部门和机构分析预测，为实现非化石能源达到 15% 的目标，我国风电装机容量应达到 1.5 亿千瓦。中国正希望从海上获得更多的风能，以完成这一目标。我国将充分利用丰富的近海风能资源优势，推进海上风电产业的发展。国家能源局已于 2010 年 5 月 18 日正式启动了总计 100 万千瓦的首轮海上风电招标工作，包括两个 30 万千瓦的近岸风电项目和两个 20 万千瓦的潮间带项目。

3.4.4.3　我国发展海上风电存在的问题

我国发展海上风电存在的主要问题如下：

（1）缺乏足够的技术支撑。海上风电与陆上风电存在很大的不同点，主要体现在技术和成本上。在海上风电场建设方面，我国缺乏足够经验，没有在海上风电技术方面做过较深入的研究，海上风能资源测量与评估以及海上风电机组国产化刚刚起步，还没有海上风电场建设、运行、维护和应用等一整套完备经验，海上风电建设技术规范体系也亟须建立。大规模发展海上风电，没有足够的技术支撑是无法想象的，其风险是巨大的。这就需要国家在大规模启动海上风电市场前建立较为完善的技术支撑体系，对海上风电技术的研究投入足够的资金，对包括近海风资源、环境条件分析、适合我国风资源的海上风电机组和近海风电场建设等的关键技术开展研究。

（2）风力机控制系统技术基础薄弱。风力机的控制系统是风力机的重要组成部分，它承担着风力机监控，自动调节，实现最大风能捕获以及保证良好的电网兼容性等重要任务，它主要由监控系统、主控系统、变桨控制系统以及变频系统等组成。到目前为止，我国风机上述部分的自主配套规模还相当不尽如人意，对国外品牌的依赖程度较大，依然是国产风机制造业中的最薄弱环节。这是因为我国风电技术发展起步较晚，国内主要风机制造厂家为了快速抢占市场，都致力于扩大生产规模，无力对控制系统这样技术含量高的产品进行自主开发，多直接从国外公司采购产品或引进技术，而且风力机工作环境复杂，控制系统需要与风力机特性高度结合，一般的自动化企业即使能研制出样机，也难以得到验证和推广。虽然在短期内，采用国外技术可以快速培育我国的风机制造业发展，但随着风电市场的竞争逐步激烈，国内风机制造企业要想长期发展，并走向国际市场，必须掌握具有自主知识产权的风机核心技术，加大对控制系统等装置的研发力度。而海上环境更加复杂，对风机的控制系统也要求更高，因此，国内企业掌握具有自主知识产权的海上风机控制系统尚需要一定的时间。

（3）海上风电市场不成熟。我国海上风能资源丰富，政府和企业对发展海上风电都显出很高的积极性，但是目前海上风电技术的不成熟性，也决定了海上风电市场的不成熟。现阶段，我国大规模发展海上风电还具有很大的风险性。这就要求政府出台政策培育、拉动和规范市场。目前我国的风电市场还存在着蜂拥而上、无序发展的问题，而且风电设备制造企业间也存在着恶性竞争，这既给投资商带来了巨大的投资风险，也将制约民族风电制造业的发展。如果不尽快建立起成熟的海上风电市场，我国海上风电的发展将难以进行。

（4）电网制约。尽管我国风电装机容量有了很大发展，但目前我国风电场并网的前期工作还没有规范化，风电还没有完全纳入电网建设规划，且缺少一系列必要的管理办法和技术规定以确保大规模风电的可靠输送和电网的安全稳定运行。

3.4.4.4　海上风电技术发展趋势

海上风电技术发展趋势具体如下：

（1）机组功率容量趋向大型化。国外运行的海上风电场单机容量已由 20 世纪 90 年代的 500~600 kW 增至目前主流的 2.0~3.5MW 之间。作为全球著名的风机制造商，ENERCON 公司已研发出 6.0MW 的直驱式风电机组。如今 10.0MW 海上风力机的研制也已经被许多公司提上了日程。这些无不昭示着海上风力机将继续向单机容量大型化的方向发展。

（2）碳纤维叶片逐步成为必要选择。海上风电机组单机容量大，风机产生的电能同叶片长度的平方成正比，这就要求叶片的尺寸更大，而质量和叶片的立方成正比。叶片质量的增加要快于能量的提取，这就对叶片制造材料的强度和刚度等性能提出新的要求。玻璃纤维在大型复合材料叶片制造中逐渐显现出性能方面的不足。为了保证在极端风载下叶尖不碰塔架，叶片必须具有足够的刚度。减轻叶片的质量又要满足强度与刚度要求，有效的办法是采取碳纤维增强。国外风电专家认为，当风力机超过 3MW，叶片长度超过 40m，在叶片制造时采用碳纤维已成为必要的选择。

（3）高翼尖速度有利于机组优化设计。降低噪声是陆地风力机在设计时需要认真考虑的因素，但海上风电场远离人类的居住地，则其可以更大地发挥空气动力效益来优化，高翼尖速度、小的桨叶面积将给风力机的结构和传动系统带来一些设计上的有利变化。

（4）变桨速风机成为主流技术。高翼尖速度桨叶设计，可提高风机起始工作风速并带来较大的气动力损失，采用变桨速设计技术可以解决这个问题，它能使风机在额定转速附近以最大速度工作，并在高风速时最大程度地利用风能，保护风机的安全运行。由于传统的定桨距失速型风机风能利用效率较低，因而在海上风电发展中其必然会被变桨速风机替代。

（5）新型海上风力发电机逐步发展。结构简单、高效的发电机，如直接驱动同步环式发电机、直接驱动永磁式发电机等将会在海上风电中得到不断的研发和运行。进一步优化发电机的发电性能，使其满足海上风电机组的需要会成为一个新的研究发展方向。

（6）海洋环境下风机其他部件的研制。海洋环境下要考虑风机部件对海水和高潮湿气候的防腐问题；塔中具有升降设备满足维护需要；变压器和其他电器设备可安放在上部吊舱或离海面一定高度的下部平台上；控制系统要有岸上重置和重启功能；备用电源用来在特殊情况下置风机于安全停止位置。

（7）高压直流输电（HVDC）技术成为海上输电的选择。在电网集成和电能管理中，大型海上风电场对电力系统的冲击很大，尤其是对海岸处电力系统较薄弱的地区，电网闪变、谐波和间次谐波、静态稳定性及动态稳定性等因素都会受到影响，而且利用三相交流电缆将海上风电场的电能输送到岸上成本也较高。为了解决上述问题，高压直流输电技术已成为海上输送电能的发展趋势。

3.4.5　永磁风力发电机的发展

传统风力发电机为低速运转的动力机械，在风力机和异步发电机转子之间，经增速齿轮传动来提高转速以达到适合异步发电机运转的转速，与电网并联运行的发电机多采用 4 极或 6 极电机，因此异步发电机的转速必须超过 1500r/min 或 1000r/min，才能运行在发电状态。电机极对数的选择与增速齿轮箱关系密切，若电机的极对数少，则增速齿轮传动的速比增大，齿轮箱加大，但电机的尺寸小些，电机的极数多，则结论相反。国内外普遍采用异步发电机，但异步发电机在并网瞬间会出现较大的冲击电流，并使电网电压瞬时下降，对发电机自身部件产生影响。

永磁同步风力发电机不需要励磁绕组和直流励磁电源，取消了容易出故障的转子上的集电环和电刷装置，成为无刷电机，不存在励磁绕组的铜损耗，比同容量的电励磁式的发电机效率高，结构简单，运行可靠。采用稀土永磁材料后还可以增大气隙磁密，并把电机转速提高到最佳值。这些都可以缩小电机体积，减轻质量，提高功率质量比。随着稀土永磁电机性能的提高和驱动系统的完善，价格降低的稀土永磁电机将越来越多地替代传统电机，应用前景相当乐观。为了满足需要，稀土永磁电机的设计和制造工艺尚需不断创新，电磁结构更为复杂，计算结果更加精确，制造工艺更加先进适用。电机技术的进步又促进了风力发电技术的进步，使风力发电机的控制更优，噪声更小，效率更高，可靠性更强。如变速恒频发电机与恒速恒频发电机相比较就使风能的利用率大为提高。但仍存在一些问题，如永磁直驱式风力发电机体积偏大，给设计、加工及安装带来诸多不便，还有待进一步地研究以克服这些缺点，提高风力发电机的整机性能，适应风力发电需要的电机技术会不断进步，电机技术的进步也会推动风力发电技术的进步。

永磁电机的发展与永磁材料的发展是密切相关的，永磁电机性能的好坏，与所采用的永磁材料的性能参数有着直接的关系。我国是世界上最早发现永磁材料的磁特性并把它应用于生产实践的国家。19 世纪 20 年代出现的世界上第一台电机就是由永磁体产生励磁磁场的永磁电机。但当时所用的永磁材料是天然铁矿石（Fe_3O_4），用它制成的电机体积庞大，不久被电励磁电机取代。稀土永磁是 20 世纪 60 年代出现的新型金属永磁材料。第一代稀土永磁是 1∶5 型 SmCo 合金；第二代稀土永磁是 2∶17 型 SmCo 合金，它们均以金属钴为基合金；第三代稀土永磁合金是以 NdFeB 合金为代表的 Fe 基稀土合金。钕铁硼磁体具有磁能积高、矫顽力大、可靠性高的特点，而且资源丰富。钕铁硼磁体的磁能积较铁氧体高 10 倍以上，较铝镍钴高 3~5 倍以上，较稀土钴也高出近 1 倍。钕铁硼磁体的磁感应强度达 13000Gs，矫顽力达 110000e，内禀矫顽力达 200000e，高于目前使用的任何永磁材料。退磁曲线呈绝对直线，制成的稀土电机具有"三高"（高速度、高功率因数、高效率）特色。我国稀土产量占全球第一，其中钕铁硼中的钕比钐在稀土中的含量高出 10～20 倍，价格约为钐钴的 1/3。

与此相对应，稀土永磁电机的研究和开发也大致分为三个阶段。第一阶段，20 世纪 60 年代后期和 70 年代，由于稀土钴永磁价格昂贵，研究开发重点是航空航天用电机和要求高性能而价格不是主要因素的高科技领域。第二阶段，20 世纪 80 年代，特别是出现价格相对较低的钕铁硼永磁后，国内外的研究开发重点转到工业和民用电机上。第三阶段，20 世纪 90 年代以来，随着永磁材料性能的不断提高和完善，特别是钕铁硼永磁的热稳定性和耐腐蚀性的改善和价格的逐步降低以及电力电子器件的进一步发展，加上永磁电机研究开发经验的逐步成熟，永磁电机在国防、工农业生产和日常生活等方面获得越来越广泛的应用。

目前，稀土永磁电机的开发和应用进入一个新阶段：一方面，原有研发成果在国防、工农业和日常生活等领域获得大量应用；另一方面，正向大功率化（高转速、高转矩）、高功能化和微型化方向发展，扩展新的电机品种和应用领域。

3.5　地　热　能

在可再生能源大家族中，地热是唯一的来自地球内部的能量。因为地球处于壮年期，地心温度高达 45000℃，所以能量巨大。由于人类利用的热量很小，地温一般可以在相同的时间尺度上恢复，因而地热能是可再生能源，只要设定合理的利用上限，地热田的寿命可以达到 100～300 年。地热能是一种清洁的能源，基本不污染大气，也不排放温室气体。地热能具有来源稳定的特征，平均利用系数高达 73%，地热电站的利用系数可达 95%，也易于调峰和实施热电联供。而且，电站建设与运行费用也不算高，地热直接利用的成本更低。采用地源热泵技术开采浅层地热能也比其他热源更为有利，主要在于它可以把夏季回收的热量用于冬天供热，从而降低了能耗。2011 年 5 月，联合国政府气候变化专门委员会（IPCC）第三工作组发表分析报告指出，就技术开采潜力而言，地热能是仅次于太阳能的第二大清洁能源。IPCC 和国际能源署预测到 2050 年地热发电装机容量占世界电力总容量的 3%。

3.5.1　世界地热能研究及发展现状

近年来，国际能源署（IFA）牵头制定了世界地热能技术路线图，政府间气候变化组织（IPCC）牵头编写了地热能特别报告。国际能源署领导了世界地热能技术路线图的制定，自 2010 年开始制定，并于 2011 年正式发布。IEA 的路线图内容包括：全球地热资源的潜力，至 2050 年的地热能愿景，地热能开发利用技术现状，不同时间节点上的发展目标和相应的行动方案、配套政策措施等内容。这个路线图仅涉及了水热型和干热型地热能的发电与直接利用。另外一项工作是由政府间气候变化组织完成的地热能特别报告（IPCC SRREN）。该报告涉及的地热能类型更多，与 IEA 的路线图不同的是，它对于浅层地热能也给出了发展愿景。

此外，中国科学院组织编制了中国能源技术路线图，其中包括地热能部分。中国地球物理学会地热专业委员会也多次组织国内相关专家研讨地热能发展战略。路线图的制定实际上是一次科技界与企业界对于能源发展取得共识的机会与表达的平台，对于技术与产业发展，对于政府能源政策的制定具有一定支撑作用。本节在借鉴国外地热能发展战略研究与技术路线图制定方法的基础上，结合多次讨论中形成的认识，探讨中国地热能技术与产业发展的路线图。

3.5.1.1 世界地热能技术路线图

A 地热资源与利用现状

地热能分为浅热、水热和干热 3 种主要类型。其利用方式包括发电和直接利用两个主要方面。考虑到技术上的差异，IEA 的路线图仅包括水热能和干热能开发。根据目前的评价结果，水热型地热能的电力资源量为每年 45EJ 或 12500TW·h，这个数字相当于 2008 年全世界发电量的 62%。直接利用的地热资源量为每年 1040EJ，相当于 289000 TW·h，是 2008 年全世界用热量的 6.5 倍，干热岩地热资源潜力巨大。尽管目前尚未作出全球总量的评价结果，但是，美国和中国的数据已经表明，这个量是巨大的。据美国麻省理工学院（MIT）的评估报告，美国在深度 3.5~7.5km 之间、温度 150~250℃ 范围内具有约 $1330×10^4$EJ 的基础资源，开发这些资源的 2%，就相当于 2006 年美国一次能源消耗量的 2600 倍。

B 发展愿景

基于增强地热系统技术的发展前景和应对气候变化的需求，IEA 提出到 2050 年世界地热能发展愿景为地热发电量达到每年 1400TW·h，约占全球总发电量的 3.5%（图 3-17），地热能直接利用的量将达到每年 5.8EJ，相当于 1600TW·h 热量，占总供热需求的 3.9%。这些愿景的提出与 IEA 预测的 2050 年全球二氧化碳减排目标（ETP2010）相关，同时，假定干热岩发电将在 2030 年达到商业利用的水平，并将逐步占据重要地位，到 2050 年占据地热发电及直接利用总量的 50%。

C 地热能利用技术

1974~2005 年，美国 Los Alamos 国家实验室（LANL）在位于新墨西哥州

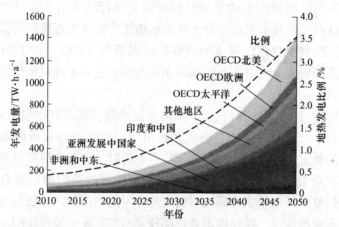

图 3-17　世界不同国家和地区的地热发电量预测（IEA，2012）

Fenton Hill 的干热岩（EGS）试验场开展了两期试验研究。在 4390m 深井中获得的最高井底温度为 3270℃。注水试验表明，在冷水注入流量为 12.5~15kg/s 时，产出的热水温度在 180℃以上，但该试验规模较小，发电容量小于 0.5MW。尽管如此，该试验表明 EGS 技术已非常接近于商业示范。

目前许多国家开展了 EGS 试验研究，如德国、英国、法国、澳大利亚、日本、瑞典等。预计到 2030 年，干热岩地热发电将达到商业规模。同时，各国也在积极探索超临界流体地热能、岩浆地热能、海域地热能等"非常规"地热能。但是，这些技术何时能够商业化尚无明确的时间表。在发电技术和热电联供技术方面，也取得了可喜的进展，大大拓展了地热能的利用空间。

3.5.1.2　中国地热能技术路线图

A　地热资源与利用现状

根据国土资源部最近发布的评价数据，中国浅层地热能资源量相当于 95 亿吨标准煤，每年可利用量相当于 3.5 亿吨标准煤。全国水热型地热能资源储量折合标准煤 8530 亿吨，每年可利用量相当于 6.4 亿吨标准煤。中国大陆 3000~10000m 深度范围内干热岩地热能资源量相当于 860 万亿吨标准煤，相当于中国大陆 2010 年度能源消耗总量的 26 万倍。根据最近更新的大地热流数据和深部地温资料，中国陆域干热岩地热能资源有了新的评价，圈定了优势区域，按照 2% 的可开采比例，能量相当于 2010 年中国总能耗的 4400 倍。

中国几大主要沉积盆地均有丰富的水热型地热资源，包括华北平原、苏北盆地、松辽盆地、鄂尔多斯盆地、四川盆地、江汉盆地等。王贵玲等专家估算了全国主要平原（盆地）地热资源量，约为 2.5×10²² J，折合标准煤 8531.9 亿吨。但是，其计算的热储大部分为中生代和新生代地层，深部的古生代，甚至元古代地层未做计算。

经勘探发现和研究证实，某些盆地在沉积盖层下游深部基岩热水储层系统发育。最典型的是华北平原北段。该基岩热储层由岩溶卡斯特化的中、上元古界和下古生界碳酸盐岩地层组成，在隐伏的基岩隆起带（或凸起带）这一系统具有重要经济价值。

从已知的基岩热储发育和形成特点可以推测，以中朝陆台、扬子准陆台和塔里木陆台为基底发育起来的许多盆地都有发育深部基岩热储，因为：（1）这些古老台块广泛发育有古生界或中、上元古界碳酸盐岩建造；（2）这些台块在碳酸盐岩建造之后曾经历过地壳隆升和构造变动，碳酸盐岩地层遭受风化剥蚀和岩溶化作用，裂隙岩溶化的碳酸盐岩具深部储集层；（3）基岩储层为中、新生代厚层沉积掩盖，有利于储集层的聚热和保温。

岩溶在中国分布广泛，碳酸盐岩的出露面积约 91 万平方千米。控制古岩溶发育的最重要的外在因素是构造，它是岩溶发育的基础，且控制了岩溶分区。断裂和裂隙是地下热水运动的主要通道。岩溶储层作为地热资源储层的潜力巨大，中国古生界碳酸盐岩的分布区域主要集中在各大沉积盆地内，其中，处于较高热流值背景下的几大主要区域有：渤海湾盆地、鄂尔多斯盆地、苏北盆地、江汉盆地、楚雄盆地、兰坪思茅盆地、昂拉仁错盆地和羌塘盆地。

2010 年，中国非电直接利用的能量当量为：装机容量 3687MWt，其中 55% 作为洗浴及温泉疗养，14% 为地热供暖，其他 14% 为地热"份联供"，属世界首位。近年来，浅层地热能的利用为 3000MWt，且发展迅速。截至 2011 年底，供暖面积达到 1.4 亿平方米。

B　2050 年发展愿景

中国工程院于 2011 年提出了地热能直接利用和发电不同时间节点的发展目标。到 2050 年，中低温地热直接利用的规模与总量将是现状的 3 倍，浅层地热能利用的规模可达 50000MWt，地热发电部分，将大力提升高温发电的装机容量，中低温和 EGS 地热发电也将重点发展。

针对干热岩的开发利用，中国科学院的能源技术路线图给出了相应的愿景（图 3-18）。到 2035 年，中国的干热岩开采将要达到商业化水平。

2016 年底国家发展和改革委员会能源局发布了中国可再生能源"十三五"规划，确定了可再生能源发电占总发电量的 27% 的宏伟目标。其中地热能的发展目标为：在青藏铁路沿线、滇西南等高温地热资源分布区，启动建设若干兆瓦级地热电站。在东部沿海及天山北麓等中低温地热资源富集分布区，因地制宜发展中小型分布式中低温地热发电项目。到 2020 年，各类地热能开发利用总量达到 1700 万吨标准煤，其中，地热发电装机容量争取达到 10 万千瓦，浅层地热能建筑供热制冷面积达到 5 亿平方米。

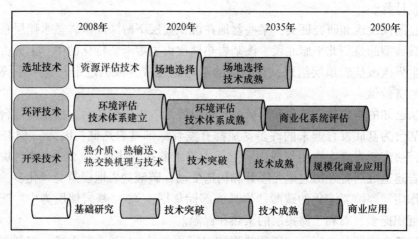

| 2008年 | 2020年 | 2035年 | 2050年 |

选址技术 — 资源评估技术 — 场地选择 — 场地选择技术成熟

环评技术 — 环境评估技术体系建立 — 环境评估技术体系成熟 — 商业化系统评估

开采技术 — 热介质、热输送、热交换机理与技术 — 技术突破 — 技术成熟 — 规模化商业应用

基础研究   技术突破   技术成熟   商业应用

图 3-18 干热岩地热能利用技术路线图

C 地热能利用技术

中低温地热发电技术在中国拥有悠久的历史，积累了丰富的实践经验。20世纪70年代初，先后在广东丰顺、山东招远、辽宁熊岳、江西温汤、湖南灰汤、广西象州、河北怀来等地建成试验性地热电站。这些地热区热水的温度低，均属于中低温地热，大部分采用一次扩容发电，仅有江西温汤采用双工质循环。目前除广东丰顺地热电站还在运行外，其他均已停止运行。地热能实质上是一种以流体为载体的热能，地热发电属于火力发电，所有一切可以把热能转化为电能的技术和方法理论上都可以用于地热发电。热能转化成机械功再转化为电能的最实用的方法只有通过热力循环，用热机来实现这种转化。利用不同的工质，或不同的热力过程，可以组成各种不同的热力循环。目前，使用较多的是双工质发电，较成熟的有两种：有机朗肯循环和 Kalina 循环。

工程地热系统（EGS）开发利用技术在中国已经起步。工程地热系统（增强型地热系统）开发的关键技术是：深部地热资源的圈定和储量评价，干热岩选址、调查和描述，降低成本和提高效率的技术（例如数值模拟）。部分其他技术也同样重要，例如深井开采、断裂特征、高温测井、液体成像、激发预测模型、示踪试验和数据解释及层间封闭技术。未来的干热岩开发与目前的高温水热型地热田均面临钻井技术这一难题。水热型地热田的回灌式开采技术是实现地热资源可持续开发利用的必不可少的技术。但是，地热回灌非常复杂，不但要考虑地热水的运移，还要考虑热的运移。如果回灌过程中出现不成熟的热突破，即回灌水很快回到开采井，就会极大地危害地热田的寿命。因此，地热大规模回灌前进行地热回灌试验，确定热储的联通性以及回灌井与开采井之间的水力联系是非常必要的。同时，需要借助数值模拟的手段对不同生产和回灌情景下热储压力和温度的变化进行预测，指导地热资源的可持续开发利用。中国目前的回灌热储可分为两种，一种为碳酸盐岩热储，包括灰岩和白百岩；另一种为砂岩热储，主要为新近系和古近系。天津、山东东营、北京和河北雄县地区对地热回灌进行了研究，并取得了一定的成果。

利用 CO_2 提高地热采收率的技术是一项新探索。在开展 CO_2 地质封存技术探索的过程中，CO_2-EATER 模式（CO_2 Enhanced Aquifer Thermal Energy Recover）被反复提及，该模式指的是以 CO_2 作为化学激发剂，注入到砂岩储层中，通过与储层的碳酸盐矿物反应提高储层的渗透率和孔隙度，达到提高储层回灌率的目的，这对中国典型的中低温砂岩热储的可持续开发利用具有重要意义。

3.5.2 我国地热能的利用现状

3.5.2.1 我国地热能开发利用概况

我国地热资源丰富，分布范围广，在可供开采利用的深度范围内，既有广泛分布的中低温地热，又有能够直接发电的高温地热。数据显示，我国地热发电潜力达到 670 万千瓦，仅低于印尼（1600 万千瓦）和美国（1200 万千瓦）。目前，全国经初步估算每年可开发利用地热水总量约 70 亿立方米，折合每年 5000 多万吨标准煤的发热量。截至 2010 年底，我国每年直接利用的地热资源量已达 54570 万立方米，居世界第一位。在全国地热水利用方式中，供热采暖占 18.0%，医疗洗浴与娱乐健身占 65.2%，种植与养殖占 9.1%，其他占 7.7%。虽然目前地热在能源结构中占的比例还很小，但地热资源的利用，可以减少常规能源的使用，减少环境污染，开发利用潜力十分巨大。

3.5.2.2 地热能发电

我国适于发电的高温地热资源主要分布在西藏、云南、台湾等地区。著名的西藏羊八井地热电站从 1977~1991 年的 14 年内共装机 25.18MW，最后一台 3MW 机组于 1991 年初投入运行。自 1993 年以来，年发电均保持在 1 亿千瓦·时左右，截至 2008 年 5 月，羊八井地热发电总量达 20 亿千瓦·时，电站年平均运行 4300h（羊八井地热电厂生产科，2008），羊八井地热电站全年供应拉萨的电力为 41%，冬季超过 60%。羊八井地热电站在西藏电力供应中发挥了重要作用，为缺煤少油的拉萨名城供电做出重大贡献，不愧为世界屋脊上的一颗明珠。在加速开发羊八井深层热储的同时，国家又加大投资开始了羊易、朗久、那曲等地热电站的开发建设，有的已初具规模。云南腾冲热海热田也是我国著名的高温热田，在此建设万千瓦级地热电站。

3.5.2.3　地热能采暖（制冷）

利用地热水采暖不烧煤、无污染，可昼夜供热水，可保持室温恒定舒适。地热采暖虽初投资较高，但总成本只相当于燃油锅炉供暖的四分之一，不仅节省能源、运输、占地等，又大大改善了大气环境，经济效益和社会效益十分明显，是一种比较理想的采暖能源。地热采暖在我国北方城镇也很有发展前途。北京、天津、辽宁、陕西等省市的采暖面积逐年增多，已具一定规模。天津市地热采暖面积已超过 1200 万平方米（到 2012 年底），如以每平方米供暖消耗煤 35kg 计，则可节省 420 万吨标准煤。西安市是著名的六朝古都，近年来地热开发快，规模大，起步高，2010~2012 年两年就有 100 多个地热井投入使用，主要用于采暖、洗浴、旅游等。据不完全统计，河南省目前 18 个省辖市均有地源热泵工程项目，已建成地源热泵项目千余个，以地下水源热泵项目为主，应用建筑面积超过 2200 万平方米。目前我国供暖制冷面积已达 2 亿平方米。国家初步计划在未来 5 年，完成地源热泵供暖（制冷）面积 3.5 亿平方米，预计总市场规模至少超过 1000 亿元。建筑是能耗大户，而空调更是耗费了其中 60%~70% 的能量，地源热泵节能空调热平衡技术能为住宅综合节能 50%~70%，运行费用为中央空调的 50%~60%。

3.5.2.4　地热温室

全国地热温室面积目前已超过 500 万平方米，其中 22% 在河北省。全国有 17 个省区在进行地热水产养殖，鱼池面积达 160 万平方米。如北京的小汤山地热联营开发公司用 5 公顷地热温室种植绿菜花、紫甘蓝、玻璃生菜等优特种蔬菜。湖北省英山地热开发公司地热养殖尼罗非鱼、淡水白鲳、草胡子鲶、甲鱼、牛蛙等，每年向社会提供大规格优质鱼种。河北省黄骅的中捷友谊农场建成我国北方最大的地热越冬鱼场。地热温室丰富了人民的菜篮子，为改善和提高广大人民群众的生活水平出很大贡献。

3.5.2.5　产业化现状

概括全国地热开发利用规模、技术、经济分析研究，可以认为：（1）地热发电产业已具有一定基础。国内可以独立建造 30MW 以上规模的地热电站，单机可以达到 10MW，电站可以进行商业运行。（2）地热供热产业。全国已实现地热供热 8×10^6 MJ。（3）地热钻井产业。目前已具备施工 5000m 深度地热钻探工程的技术水平，在华北地区，从事地热钻探的 3200m 型钻机就有 15 台套，具备了大规模开发地热的能力。（4）地热监测体系、生产与回灌体系正逐步完善和建立，但当前正处在试验研究阶段，尚没有形成工业化运行。（5）地热法规和标准尚需健全和完善，特别是地下、地面工程设施的施工，需尽快完善和建立技术规程和技术标准。培育专业化施工（从地下到地上）企业，建立企业标准和行业标准。

3.5.3 针对当前我国地热能开发利用现状的分析及建议

地热能通过先进的科技手段能够实现可再生和不污染环境，与化石能源相比更为清洁、环保。但是，当加大对地热资源利用的同时，也要认识到在地热资源开发利用过程中存在的问题。这里面既有开发技术问题，也有资金问题、安全问题、政策问题等。只有在地热资源开发的同时，采取切实可行的应对措施解决好这些问题，才能促进地热资源的合理开发利用。

3.5.3.1 当前我国发展地热能存在的问题

当前我国发展地热能存在的主要问题如下：

（1）人才资源缺乏、研究力量薄弱。20 世纪 70~90 年代，我国呈现地热开发热潮，培养了一批地热能研究开发骨干，但近 40 年来我国地热发电事业几乎停滞，造成人才资源缺乏，研究力量薄弱。目前，仅有中国科学院广州能源研究所、地质与地球物理研究所以及天津大学、北京工业大学等少数科研机构和院校长期坚持从事地热能研究开发，整个科研队伍规模在 100 人以内，远远落后于风能、太阳能等可再生能源领域的研究队伍。而且，由于国家没有强有力的地热能开发规划指引，国内大型企业几乎没有参与地热发电项目，很难形成产学研结合的人才培养机制，造成我国地热能研究力量较为薄弱。

（2）全国地热资源勘查评价程度低。国家对地热资源勘查评价和基础研究投入严重不足，全国大部分地区尚未开展地热资源勘查，特别是我国西部地区的中低温地热资源，基本未开展正规的地热勘探。全国地热资源总量是个概数，至今尚未取得公认的统一数据。勘查评价滞后于开发利用，影响地热资源勘查开发规划的制定、资源的利用以及地热产业发展。我国陆地地温梯度与美国相似，地质构造活动性更强，具有巨大的 EGS 资源开发潜力，但资源总体状况不明。目前我国针对浅层地热资源评价及勘查体系已基本建立，然而对于适宜发电的地热资源和增强型地热资源还缺乏一套统一的评价及勘查体系。

（3）地热利用关键技术尚待突破。经历了地热开发热潮后，我国地热利用技术尤其是地热发电技术没有形成积累，也正是这段时间拉大了我国与世界先进水平的差距。相比较风能和太阳能，地热项目规模太小，很难整合国内优势资源形成较强的技术联盟。EGS 研究开发涉及资源评估、资源开采和地下工程、热流控制和热力发电系统等技术。目前国内有一些科研院校具有资源评估和开采的研究条件和具有开发高效地热发电系统的实力和经验；国内石油公司进行 5000m 以浅钻探已不存在技术问题，但我国目前 EGS 技术研究开发尚处于空白，基础科学问题的研究也尚未开展。地热资源开发利用规模化、产业化水平不高，企业生产布局、产品结构和利用方式不合理，重开发轻管理现象普遍存在，影响了地热开发整体经济效益的提高。部分地热企业生产工艺流程落后，技术力量薄弱，经营粗放，竞争无序，盲目追求高额利润，不按规定开采地热资源，不采取综合利用措施，资源利用率低。如采取直供、直排供暖方式的地热井，其热能利用率仅为 20%～30%，造成了地热能的严重浪费。

(4) 地热产业缺乏扶持政策。我国长期忽视地热能在可再生能源中的作用，对其竞争力认识不足，导致地热产业在政策上支持力度偏弱，社会各界对地热的认知度不高。总体上看，地热供暖及地源热泵产业虽然已得到国家政策扶持，但力度还不够。而地热发电产业近 30 年来几乎没有得到国家的支持，《可再生能源法》虽然起了重要的指导作用，但并没有明确了地热发电项目的优惠扶持政策。因此，长期以来我国地热产业更多地呈现粗放型发展，在利用地热资源的同时也浪费了大量的地热资源，缺乏集约化综合梯级利用发展的模式，使得地热资源利用率较低。EGS 发电成本具有很强的竞争力，据美国和澳大利亚 EGS 开发试验后评估，目前 EGS 发电成本为 0.45 美元/$kW \cdot h$。如地热钻探开采技术实现国产化，在我国建设 5～10MW 的 EGS 试验发电厂，初步投资估计 3 万～4 万元/kW，其投资和发电成本已与风能发电接近（按实际利用率为风能的 3～4 倍计算，远低于太阳能发电。而按目前石油开采技术的发展趋势，地热钻探开采成本还会大幅度降低。所以一旦 EGS 开发技术取得突破，其应用前景将比风能、太阳能更具有竞争力。

(5) 开发不当造成的环境破坏与地面沉降。随着近年地热资源的开采量逐渐增加，抽取地下热水引起水位下降，导致地层进一步的压密，加剧了地面沉降的发生。根据天津市对市区的沉降测量表明，开采 300m 深度以下地下水，对地面沉降影响约占总沉降量的 35%～50%。在人口居住区会造成住宅楼和其他建筑物基础的坍塌，而在非人口居住区会对地表水径流系统造成负面影响。地热开发也会对环境造成破坏，主要的环境污染形式如下：1) 热污染。热污染是指温度较高的地热尾水在排放过程中，会向周围环境释放一定的热量，使周围的空气或水体的温度升高，从而影响环境和生物生长。目前在缺乏梯级利用的情况下，尾水的温度较高。如果没有采取地热回灌或是相应的处理措施，会促使局部空气和水体的温度升高，改变生态平衡，进而影响附近生物的生长，影响水生生物的正常生活、发育、繁殖等。2) 大气污染。大气污染是在抽取地下热水的过程中，随着接近地表时压力的降低，热水中含有的一些气体和悬浮物就会排放到大气中，从而影响周围的环境。3) 化学污染。化学污染主要包括盐类污染和有害元素的污染。

（6）地热开发利用对常规能源和经济形势等因素十分敏感。作为新型能源的一种，地热的开发利用容易受到来自常规能源、世界经济形势、国家能源战略的影响。常规能源如石油价格的波动限制了包括地热资源在内的其他能源的开发利用进展。波动的世界经济周期增加了地热发展的不稳定性。同时，受可预测地热资源量不确定性的影响，许多国家地热发展的方向摇摆不定。

（7）地热开发利用亟待国家推动和国际合作。地热的开发利用对于技术和装备要求是较高的，尤其在地热发电方面更是如此。投资大、周期长、风险高意味着国家必须通过国家规划、技术引进、项目示范、政策优惠等方式推动地热资源的开发利用。虽然许多发展中国家拥有丰富的地热资源，但却由于缺乏先进的技术和管理经验导致资源的低水平利用和浪费。因此必须加强技术、资金和资源的交流合作。

3.5.3.2 应采取的对策和措施

针对地热资源开发过程中存在的这些问题，我们要深入分析，提出切实可行的解决方案，不断推进我国地热资源的发展，真正使地热资源为建设能源节约型、环境友好型和谐社会服务。

（1）建立国家级平台，提高创新能力。在国家能源局的指导下，成立"国家地热能源研发中心"，整合全国优势力量，加强人才的引进和培养，突破关键技术，强化对国家战略任务、重点工程技术的支撑和保障，提高地热能科技自主创新力和核心竞争力。从国家层面上将地热能资源的开发利用提高到与风能、太阳能开发利用相同的高度；从政策扶持、资金投入等各方面支持地热资源开发利用，加快低碳经济和清洁能源发展，并且制定严格的地热行业准入制度，以及地热资源勘查开发和保护的资质制度，以规范地热行业的投资行为。

（2）加强技术研究开发，实施示范工程。将中低温地热发电、增强地热系统（EGS）技术研究开发列入国家"973"，"863"计划，针对我国技术积累少、水平低、与国际差距大的现状，重点解决地热能开发过程中的关键科学技术问题。以国家财政扶持和企业投入结合的方式，实施中低温地热发电、增强地热系统（EGS）示范工程。进一步加强对地热资源的支持力度，摸清资源家底。启动调查研究项目，科学规划，重点部署，开展适宜发电的地热资源以及增强型地热资源的调查研究，进行全国地热资源评价和区划，确定我国具有经济开发价值的重点地域。鼓励地热开发利用新技术，加强对尾水净化回灌、氦气提纯和硼提取等技术研究给予政府资金支持，对新技术的发现和利用给予一定的奖励。并且尽快制定地热资源开发利用和保护的相关法律法规和实施细则，以及严格的行业准入制度和地热资源勘查开发与保护的资质制度，促进地热产业健康有序发展。在《可再生能源法》框架下，力争早日制定出地热开发的优惠配套扶持政策，降低地热开发成本，促进地热产业快速发展。

（3）要发展地热资源循环经济，实现地热资源可持续发展。可持续发展已经是当今世界发展的趋势，地热资源可持续发展意义在于，它是保证当前及未来经济建设与社会发展的需要；同时，地热的开发要尽量减少甚至不破坏自然环境。这就要我们必须以循环经济理论为指导，采取有效的管理体制，先进的技术和完善的制度、法规来实现可持续发展。因此，我国地热资源开发应当朝着吸收世界其他国家的先进经验，加快推广清洁生产技术，实现循环经济的方向发展。

（4）要科学利用地热资源，有效提高地热资源利用率，实现资源利用与资源保护的统一，实现地热资源资源的可持续发展。科学开发地热资源需要先进的科学技术作为支撑，地热的直接利用和梯级利用已成为主要发展趋势。与地热发电相比，直接利用地热具有高达 50%～70% 的利用效率，而地热发电仅为 5%～20%。中国中低温地热资源丰富，中西部的大部分地区地热类型齐全，分布广泛。而高温地热资源仅分布在藏南、滇西和川西地区。因此要采取因地制宜、物尽其用的原则，充分发挥资源优势，减少浪费，提高地热利用率。

（5）要加大地热水在农、林、牧、副、渔业方面更广泛的利用，以地热能源的发展促进其他行业的发展。如北京的小汤山地热联营开发公司利用地热温室种植优特种蔬菜，年获利润几十万元。湖北省英山地热开发公司用地热养殖水产每亩平均收入近 1 万元。由此可见，地热温室有着显著的经济效益。

（6）制定优惠扶持政策，推动地热发电产业化。在《可再生能源法》框架下，制定一系列配套的法规政策和优惠扶持政策，参照太阳能、风力、生物质能发电国家补贴的方式，对地热能发电实行激励机制，以保证我国地热发电和增强地热系统的可持续发展。积极推进地热在旅游业和房地产业的开发利用，进一步扩大地热需求市场和发展空间。开发温泉住宅区、温泉度假村、温泉康乐中心等，力争使地热房地产业和地热旅游业得到合理的开发利用。

3.6 生 物 质 能

3.6.1 生物质元素成分及工业分析

生物质的元素成分是指生物质含有不同元素的多少，它将影响决定生物质的燃烧状态。从化学角度来看，生物质固体燃料是由多种可燃质、不可燃的无机矿物质及水分混合而成的。其中，可燃质是多种复杂的高分子有机化合物的混合物，主要由碳（C）、氢（H）、氧（O）、氮（N）和硫（S）等元素所组成，而C、H 和 O 是生物质的主要成分。生物质元素的组成如图 3-19 所示。

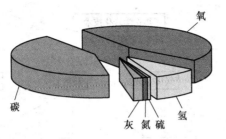

图 3-19　生物质元素的组成

在隔绝空气条件下对燃料进行加热，首先是水分蒸发逸出，然后燃料中的有机物开始热分解并逐渐析出各种气态产物，称为挥发分（V），主要含有氢气、甲烷等可燃气体和少量的氮气、二氧化碳等不可燃气体。余下的固体残余物为木炭，主要由固定碳与灰分组成。用水分、挥发分、固定碳和灰分表示燃料的成分称为燃料的工业分析成分。

3.6.2　生物质热化学转化

生物质热化学转换技术是指在加热条件下，用化学手段将生物质转换成燃料物质的技术，包括燃烧、气化、热解及直接液化。

生物质的直接燃烧是最普通的生物质能转换技术，所谓直接燃烧就是燃料中的可燃成分和氧化剂（一般为空气中的氧气）进行化合的化学反应过程，在反应过程中放出热量，并使燃烧产物的温度升高。其主要目的就是取得热量。

生物质气化是以生物质为原料，以氧气（空气、富氧或纯氧）、水蒸气或氢气等作为气化剂（或称气化介质），在高温条件下通过热化学反应将生物质中可燃的部分转化为可燃气的过程。

生物质热裂解是指生物质在完全没有氧或缺氧条件下热降解，最终生成生物油、木炭和可燃气体的过程。可用于热解的生物质的种类非常广泛，包括农业生产废弃物及农林产品加工业废弃。

直接液化是把固体生物质在高压和一定温度下直接与氢气反应（加氢），转化为物理化学性质较为稳定的液体燃料的热化学反应过程。一般使用催化剂且具有较高的氢分压，以提高反应速度，改善过程稳定性。

上述四种转化技术与产物的相互关系如图 3-20 所示。

3.6.2.1　生物质直接燃烧

生物质直接燃烧技术是生物质能源转化中相当古老的技术，人类对能源的最初利用就是从木柴燃火开始的。我国许多史籍中都有关于原始洪荒时代人工取火的传说。例如，《韩非子·五蠹》曰："燧人氏，钻木取火，以化腥臊"；《河图

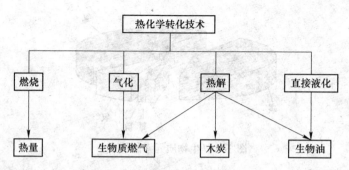

图 3-20　生物质燃料热化学转化途径

挺佐辅》亦记载："伏羲禅于伯牛，错木取火"；《庄子·外物》则曰："木与木相摩则然（燃）"。这些古老的记载，说明了我国古代人民在燧人氏和伏羲氏时代，就已经知道使用"钻木取火"的方法来获取能源了。从能量转换观点来看，生物质直燃是通过燃烧将化学能转化为热能加以利用，是最普通的生物质能转换技术。

现阶段，我国农村生活用能结构虽然发生了一定的变化，但薪柴、秸秆等生物质仍占消费总能量的 50% 以上，是农村生活中的主要能源。这种能源消费结构在相当长的时期内不会发生质的变化，因此在农村，特别是偏远山区，生物质炉灶（图 3-21）仍然是农民炊事、取暖的主要生活用能设备。

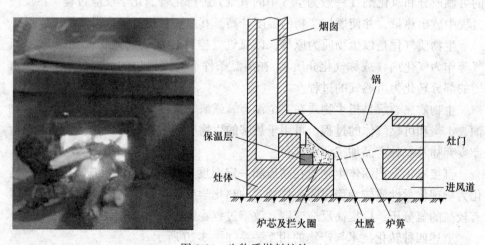

图 3-21　生物质燃料炉灶

炕（俗称火炕）是我国北方农村居民取暖的主要设施，是睡眠与家务活动的场所。炕的热量一般来源于炊事用的柴灶，炕与灶相连，故称炕连灶，炕连灶结构示意图如图 3-22 所示。也有专为取暖供热的炕，如西北的煨炕、东北的地炕都是在炕内设一烧火的坑。

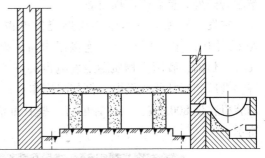

图 3-22　炕连灶结构示意图

传统生物质直燃技术虽然在一定时期内满足了人类取暖饮食的需要，但普遍存在能量的利用率低规模小等缺点。当生物质燃烧系统的功率大于 100kW 时，例如在工业过程、区域供热、发电及热电联产领域，一般采用现代化的燃烧技术。

工业用生物质燃料包括木材工业的木屑和树皮、甘蔗加工中的甘蔗渣等。目前法国、瑞典、丹麦、芬兰和奥地利是利用生物质能供热最多的国家，利用中央供热系统通过专用的网络为终端用户提供热水或热量。生物质现代化燃烧系统如图 3-23 所示。

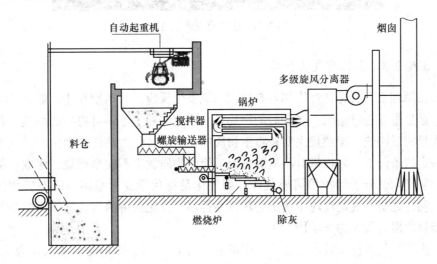

图 3-23　生物质现代化燃烧系统

3.6.2.2　生物质直燃发电技术

现代生物质直燃发电技术诞生于丹麦。20 世纪 70 年代的世界石油危机以来，丹麦推行能源多样化政策。该国 BWE 公司率先研发秸秆等生物质直燃发电技术，并于 1988 年诞生了世界上第一座秸秆发电厂。该国秸秆发电技术现已走向世界，被联合国列为重点推广项目。

在发达国家，目前生物质燃烧发电占可再生能源（不含水电）发电量的70%，例如，在美国与电网连接以木材为燃料的热电联产总装机容量已经超过7GW。目前，我国生物质燃烧发电也具有了一定的规模，主要集中在南方地区，许多糖厂利用甘蔗渣发电。例如，广东和广西两地共有小型发电机组300余台，总装机容量800MW，云南省也有一些甘蔗渣电厂。生物质自燃发电厂如图3-24所示。

图3-24　生物质直燃发电厂

3.6.2.3　生物质气化技术

在原理上，气化和燃烧都是有机物与氧发生反应。其区别在于，燃烧过程中氧气是足量或者过量的，燃烧后的产物是二氧化碳和水等不可再燃的烟气，并放出大量的反应热，即燃烧主要是将生物质的化学能转化为热能。而生物质气化是在一定的条件下，只提供有限氧的情况下使生物质发生不完全燃烧，生成一氧化碳、氢气和低分子烃类等可燃气体，即气化是将化学能的载体由固态转化为气态。相比燃烧，气化反应中放出的热量小得多，气化获得的可燃气体再燃烧可进一步释放出其具有的化学能。

生物质气化技术首次商业化应用可追溯到1833年，当时是以木炭作为原料，经过气化器生产可燃气，驱动内燃机应用于早期的汽车和农业灌溉机械。第二次世界大战期间，生物质气化技术的应用达到了高峰，当时大约有100万辆以木材或木炭为原料提供能量的车辆运行于世界各地。我国在20世纪50年代，由于面临着能源匮乏的困难，也采用气化的方法为汽车提供能量。

20世纪70年代，能源危机的出现，重新唤起了人们对生物质气化技术的兴趣。以各种农业废弃物、林业废弃物为原料的气化装置生产可燃气，可以作为热源，或用于发电，或生产化工产品（如甲醇、二甲醚及氨等）。

生物质气化有多种形式，如果按照气化介质分，可将生物质气化分为使用气化介质和不使用气化介质两大类。不使用气化介质称为干馏气化；使用气化介质，可按照气化介质不同分为空气气化、氧气气化、水蒸气气化、水蒸气-氧气混合气化和氢气气化等。

生物质气化炉是气化反应的主要设备。生物质气化技术的多样性决定了其应用类型的多样性。在不同地区选用不同的气化设备和不同的工艺路线来使用生物质燃气是非常重要的。生物质气化技术的基本应用方式主要有以下四个方面：供热、供气、发电和化学品合成。生物质气化供热是指生物质经过气化炉气化后，生成的生物质燃气送入下一级燃烧器中燃烧，为终端用户提供热能。此类系统相对简单，热利用率较高。

生物质气化集中供气技术是指气化炉生产的生物质燃气，通过相应的配套设备，为居民提供炊事用气。其基本模式为：以自然村为单元，系统规模为数十户至数百户，设置气化站，铺设管网，通过管网输送和分配生物质燃气到用户家中。

生物质气化发电技术是生物质清洁能源利用的一种重要方式，几乎不排放任何有害气体。在我国很多地区普遍存在缺电和电价高的问题，近几年这一状况更加严重，生物质发电可以在很大程度上解决能源短缺和矿物燃料燃烧发电的环境污染问题。近年来，生物质气化发电的设备和技术日趋完善，无论是大规模还是小规模均有实际运行的装置。

生物质气化合成化学品是指经气化炉生产的生物质燃气，经过一定的工艺合成为化学制品，目前主要包括合成甲醇、氨和二甲醚等，其制造车间如图 3-25所示。

图 3-25　生物质气化合成甲醇、二甲醚

3.6.2.4　生物质热解

生物质热解（又称热裂解或裂解）是指在隔绝空气或通入少量空气的条件下，利用热能切断生物质大分子中的化学键，使之转变为低分子物质的过程。根据热解条件和产物的不同，生物质热解工艺可以分为以下几种类型：

（1）烧炭。将薪炭放置在炭窑或烧炭炉中，通入少量空气进行热分解制取木炭的方法，一个操作期一般需要几天。炭窑及其固态产品（木炭）如图3-26所示。

图3-26　炭窑及其固态产品（木炭）

（2）干馏。将木材原料在干馏釜中隔绝空气加热，制取醋酸、甲醇、木焦油抗聚剂、木馏油和木炭等产品的方法。生物质燃料干馏炉如图3-27所示。

图3-27　生物质燃料干馏炉

（3）热解液化。把林业废料及农副产品在缺氧的情况下中温（500~650℃）快速加热，然后迅速降温使其冷却为液态生物原油的方法。

3.6.3 生物质生化转化

生物质生化转化是依靠微生物或酶的作用，对生物质进行生物转化，生产出如乙醇、氢、甲烷等液体或者气体燃料的技术。主要针对农业生产和加工过程的生物质，如农作物秸秆、畜禽粪便、生活污水、工业有机废水和其他有机废弃物等。生物质生化转化技术主要包括水解发酵和沼气技术两大类应用技术。生物质生化转化设备如图3-28所示。

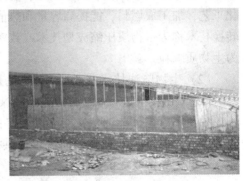

图3-28 生物质生化转化设备

（1）生物质水解发酵。发酵法采用各种含糖（双糖）、淀粉（多糖）、纤维素（多缩己糖）的农产品，农林业副产物及野生植物为原料，经过水解（水解——使某一化合物裂解成两个或多个较简单化合物的化学过程）、发酵使双糖、多糖转化为单糖并进一步转化为乙醇。

（2）沼气发酵。沼气发酵又称为厌氧消化、厌氧发酵和甲烷发酵，是指有机物质（如人畜家禽粪便、秸秆、杂草等）在一定的水分、温度和厌氧条件下，通过种类繁多、数量巨大、且功能不同的各类微生物的分解代谢，最终形成甲烷和二氧化碳等混合性气体（沼气）的复杂的生物化学过程。

3.6.4　其他生物质利用技术

生物质利用技术还有其他一些利用方式，在社会生活中也得到了一定的发展和应用，尤其是生物质压缩成型技术和生物柴油技术得到了相对广泛的应用。

（1）生物质压缩成型技术。农业和林业生产过程中所产生的大量废弃物通常松散地分散在大面积范围内，具有较低的堆积密度，给收集、运输、储藏带来了困难。由此人们提出如果能够将农业和林业生产的废弃物压缩为成型燃料，提高能源密度则不仅可以解决上述问题，而且可以形成商品能源。

将分布散、形体轻、储运困难、使用不便的纤维素生物质，经压缩成型和炭化工艺，加工成燃料，能提高容量和热值，改善燃烧性能，成为商品能源，这种转换技术称为生物质压缩成型技术或致密固化成型技术，这种被压缩后的物质称为生物质颗粒。

（2）生物柴油技术（酯化）。酯化是指将植物油与甲醇或乙醇在催化剂和230～250℃温度下进行反应，生成生物柴油，并获得副产品——甘油。生物柴油可单独使用以替代柴油，又能够以一定比例（2%～30%）与柴油混合使用。除了为公共交通车、卡车等柴油机车提供替代燃料外，又可为海洋运输业、采矿业、发电厂等行业提供燃料。

3.6.5　能源植物

随着化石能源的不断枯竭，人们开始在世界范围内寻找替代能源。许多国家都在进行替代能源的研究，能源植物的研究便应运而生。顾名思义，能源植物就是可以用作能源的植物，通常是指那些可产生接近石油成分和可替代石油使用的产品的植物，以及富含油脂的植物。

目前，大多数能源植物尚处于野生或半野生状态，人类正在研究应用遗传改良、人工栽培或先进的生物质能转换技术等，以提高利用生物能源的效率，生产出各种清洁燃料，从而替代煤炭、石油和天然气等化石燃料，减少对矿物能源的依赖，保护国家能源资源，减轻能源消费给环境造成的污染。据估计，绿色植物每年固定的能量，相当于600亿～800亿吨石油，即全世界每年石油总产量的20～27倍，约相当于世界主要燃料消耗的 10 倍。而绿色植物每年固定的能量作为能源的利用率，还不到其总量的 1%。世界上许多国家都开始开展能源植物或石油植物的研究，并通过引种栽培，建立新的能源基地，如"石油植物园""能源农场"等，以此满足对能源结构调整和生物质能源的需要。我国是利用能源植物较早的国家，但基本上局限在直接燃烧、制碳等初级的阶段。近年来我国能源植物的研究发展速度较快。研究内容涉及油脂植物的分布、选择、培育、遗传改良等及其加工工艺和设备。同时我国政府对生物燃料非常重视，制定了多项指导性政策以促进其发展。

（1）富含类似石油成分的能源植物。续随子、绿玉树、西谷椰子、西蒙得木、巴西橡胶树等均属此类植物。例如巴西橡胶树分泌的乳汁与石油成分极其相似，不需提炼就可以直接作为柴油使用，每一株树年产量高达 40L。我国海南省特产植物油楠树的树干含有一种类似煤油的淡棕色可燃性油质液体，在树干上钻个洞，就会流出这种液体，也可以直接用作燃料油。几种富含类似石油成分的能源植物如图 3-29 所示。

巴西橡胶树

西蒙得木

麻风树

油楠

图 3-29　几种富含类似石油成分的能源植物

（2）富含高糖、高淀粉和纤维素等碳水化合物的能源植物。利用这些植物所得到的最终产品是乙醇。这类植物种类多，且分布广，如木薯、马铃薯、菊芋、甜菜以及禾本科的甘蔗、高粱、玉米等，它们都是生产乙醇的良好原料，主要高糖高淀粉类能源植物如图 3-30 所示。

高粱　　　　　　　　　　　　　　　　木薯

图 3-30　高糖高淀粉类能源植物

（3）富含油脂的能源植物。这类植物既是人类食物的重要组成部分，又是工业用途非常广泛的原料。对富含油脂的能源植物进行加工是制备生物柴油的有效途径。世界上富含油的植物达万种以上，我国有近千种，有的含油率很高，如桂北木姜子种子含油率达 64.4%，樟科植物黄脉钓樟种子含油率高达 67.2%。这类植物有些种类存储量很大，如种子含油达 15%～25% 的苍耳子广布华北、东北、西北等地，资源丰富，仅陕西省的年产量就达 1.35 万吨。集中分布于内蒙古、陕西、甘肃和宁夏的白沙蒿、黑沙蒿，种子含油 16%～23%，蕴藏量高达 50万吨。水花生、水浮莲、水葫芦等一些高等淡水植物也有很大的产油潜力。

习　　题

3-1 你认为哪种能源物质是能满足人类社会发展需要又能满足环境发展需要的，请从能源的开发、储存和利用加以分析。

4 能源管理体系

能源管理体系就是从体系的全过程出发，遵循系统管理原理，通过实施一套完整的标准、规范，在组织内建立起一个完整有效的、形成文件的能源管理体系，注重建立和实施过程的控制，使组织的活动、过程及其要素不断优化，通过例行节能监测、能源审计、能效对标、内部审核、组织能耗计量与测试、组织能量平衡统计、管理评审、自我评价、节能技改、节能考核等措施，不断提高能源管理体系持续改进的有效性，实现能源管理方针和承诺并达到预期的能源消耗或使用目标。

4.1 我国能源管理体系的标准

4.1.1 《能源管理体系要求》标准制定的背景

随着我国经济的快速增长，能源消费亦快速增长，能源消耗强度越来越高。2006 年我国消费 24.6 亿吨标准煤，2008 年我国已经完全转变为煤炭净进口国，进口依存度已超过 50%。但是我国的能源效率却只有 33%，比发达国家低 10%。同时，高强度的能源消耗带来一系列的环境污染问题，进而引起气候和生态环境的变化。能源利用与能源短缺及环境保护的矛盾日趋尖锐。国家已把节约能源作为一项基本国策。节能法明确提出"要坚持资源开发与节约并举、把节约放在首位"的节能方针。节约能源已成为一项紧迫而长期的战略任务，是实现经济社会持续、快速、协调、健康发展的必然选择。

管理节能是促进企业提高能源利用水平的有效手段，能源管理体系建设，是运用现代管理思想，借鉴成熟管理模式，将过程分析方法、系统工程原理和策划、实施、检查、改进（PDCA）循环管理理念引入企业能源管理，建立覆盖企业能源利用全过程的管理体系，对强化结构节能与技术节能、促进企业构建长效节能机制具有重要意义。避免企业在能源管理工作方面出现重视不够、管理不规范、方法不科学、法规政策落实不到位、节能潜力没有得到充分挖掘等问题。而节能工作是一个系统性、综合性很强的工作。由于缺乏相互联系、相互制约和相互促进的科学的能源管理理念、机制和方法，就会造成能源管理脱节。使能源使用无依据、分配无定额、考核无计量、管理无计划、损失无监督、节能无措施、浪费无人管等现象。一些思想前瞻的组织建立了能源管理队伍，在能源管理中，逐渐认识到开发和应用节能技术和装备仅仅是节能工作的一个方面，单纯的依靠节能技术并不能最终解决能源供需矛盾等问题。应用系统的管理方法降低能源消耗、提高能源利用效率，推动行为节能，进行能源管理体系建设成为能源管理的关键。有计划地将节能措施和节能技术应用于实践，使得组织能够持续降低能源消耗、提高能源利用效率，这不仅促进了系统管理能源理念的诞生，也推动了许多国家能源管理体系标准的开发与应用。

（1）相关国家能源管理体系标准的制定及实施情况。国际上有关国家制定并实施了能源管理体系国家标准，如英国能源效率办公室针对建筑能源管理制定的《能源管理指南》、美国国家标准学会（ANSI）制定的 MSE2000《能源管理体系》、瑞典标准化协会制定的《能源管理体系说明》、爱尔兰国家标准局（NSAI）制定的《能源管理体系 要求及使用指南》、丹麦标准协会发布的《能源管理规范》等。此外，韩国也发布了相应的国家标准，德国和荷兰也制定了相应的能源管理体系规范。另外，欧洲标准化委员会（CEN）和欧洲电气技术标准化委员会（CENELEC）共同组建了一个特别工作小组，研制三个与能源管理有关的欧洲标准，其中即包括一项能源管理体系标准。

（2）国际组织对能源管理体系标准研制的推动情况。联合国工业发展组织（UNIDO）也在积极推进能源管理体系国际标准的制定进程。2007 年初至今，先后在奥地利、泰国和中国召开了 3 次关于能源管理体系标准的国际研讨会，特别是 2008 年 4 月在北京由国家标准委（SAC）和 UNIDO 共同组织召开的能源管理体系标准国际研讨会上，ISO、UNIDO 以及相关国家标准化组织的代表和专家就能源管理体系国际标准的结构、核心理念、要素、与其他国际标准的差异等进行了卓有成效的交流和讨论，并就能源管理体系国际标准的框架内容达成基本共识。这几次重要会议的召开为我国能源管理体系标准的研制提供了改进和完善的机会。

为推动能源管理体系国际标准的制定，国际标准化组织（ISO）成立了 ISO/PC242-能源管理体系项目委员会，由美国、中国、巴西和英国共同承担该委员会的相应职务，由美国和巴西承担秘书处的工作。该委员会已于 2008 年 9 月召开第一次工作会议，起草标准草案。

我国在"十一五"以来，国家有关部门和部分地区积极引入能源管理系统方法，开展企业能源管理体系建设和认证试点工作，国家颁布了《能源管理体系 要求》（GB/T 23331）标准（2012 年根据国际标准 ISO 50001 进行了修订，该标准的基本内容参见本章后的附录内容），推动企业建立能源管理体系，取得了积极成效。试点企业通过建立实施能源管理体系，节能工作机制不断完善，能源管理水平大幅提高。实践证明，能源管理体系建设能够有效促进企业提高能源利用效率。

4.1.2 《能源管理体系 要求》标准的意义

该标准是规范组织的能源管理，旨在降低其能源消耗、提高能源利用效率的管理标准。建立和实施能源管理体系是组织最高管理者的一项战略性决策。该标准的成功实施有赖于组织最高管理者的承诺和全员参与。通过能源管理体系标准的实施，组织可以达到以下目的：

（1）应用系统的管理手段使其能源管理工作满足法律法规、标准及其他要求，实现相互协调、相互促进，有效地降低能源消耗、提高能源利用效率。

（2）利用过程方法对其活动、产品和服务中的能源因素进行识别、评价和控制，实现对能源管理全过程的控制和持续改进。

（3）为应用先进有效的节能技术和方法、挖掘和利用最佳的节能实践与经验搭建良好平台。

（4）提高能源管理的有效性，并改进其整体绩效。

（5）使相关方确信其已经建立了适宜的能源管理体系。

组织采用"策划—实施—检查—处置（Plan-Do-Check-Act，PDCA）"方法，有助于其实现管理承诺和能源方针，并达到持续改进的目的。

（1）Plan—策划：包括识别和评价组织的能源因素；识别有关的法律法规、标准及其他要求；通过分析确定能源管理基准，可行时，确定标杆；建立能源目标、指标，制定能源管理方案等。

（2）Do—实施：包括提供所需的资源；确定能力、培训和意识的要求并进行培训；建立信息交流机制，实施信息交流和沟通；建立所需的文件和记录；实施运行控制并开展相关活动等。

（3）Check—检查：包括对能源管理活动和能源目标、指标实现情况的监视、测量和评价；识别和处理不满足要求的部分；开展内部审核等。

（4）Act—处置：基于内部审核和管理评审的结果以及其他相关信息，对实现管理承诺、能源方针、能源目标和指标的适宜性、充分性和有效性进行评价，采取纠正措施和预防措施，以达到持续改进能源管理体系的目的。

本标准基于"PDCA"方法的能源管理体系运行模式如图4-1所示。

能源管理体系的详细和复杂程度、文件的多少、所投入资源的多少等，取决于多方面因素，如体系覆盖的范围，组织的规模，其活动、产品和服务的性质，能源消耗的类型及消费量要求等。

实施本标准能够改进组织的能源管理绩效，但能源管理体系的成功实施还需要相关技术和方法的支持。因此，组织应在适宜且经济条件许可时，考虑采用最佳可行的节能技术和方法，同时充分考虑采用这些节能技术和方法的成本效益。

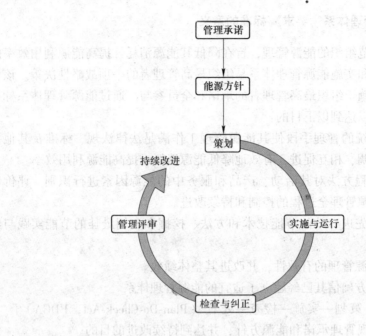

图 4-1 能源管理体系运行模式

该标准提出了对组织能源消耗、能源利用效率的管理要求，并未对其所提供产品的能源消耗、能源利用效率提出要求。

但该标准并未对能源管理绩效提出具体指标值的要求，也不包含针对其他管理体系的要求，如质量、环境、职业健康与安全、财务或风险等管理体系要求，使用时可将该标准所规定的要求与其他管理体系的要求进行协调，或加以整合。

4.2 合同能源管理

合同能源管理（Energy Performance Contracting，EPC）是一种新型的市场化节能机制。其实质就是以减少的能源费用来支付节能项目全部成本的节能业务方式。

这种节能投资方式允许客户用未来的节能收益为工厂和设备升级，以降低目前的运行成本；或者节能服务公司以承诺节能项目的节能效益、或承包整体能源费用的方式为客户提供节能服务。能源管理合同在实施节能项目的企业（用户）与节能服务公司之间签订，它有助于推动节能项目的实施。依照具体的业务方式，可以分为分享型合同能源管理业务、承诺型合同能源管理业务、能源费用托管型合同能源管理业务。

合同能源管理机制的实质是一种以减少的能源费用来支付节能项目全部成本的节能投资方式。这样一种节能投资方式准许用户使用未来的节能效益为工厂和设备升级，以及降低目前的运行成本。能源管理合同在实施节能项目投资的企业（用户）与专门的盈利性能源管理公司之间签订，它有助于推动节能项目的开展。在传统节能投资方式下，节能项目的所有风险和所有盈利都由实施节能投资的企业承担；在合同能源管理方式中，一般不要求企业自身对节能项目进行大笔投资。

4.2.1　合同能源管理的历史

合同能源管理这种节能投资模式，是在20世纪70年代美国爆发"能源危机"后出现的。开展能源管理后的项目可平均节能达到30%。因此，其在西欧、日本等发达国家和地区陆续推广起来。

1997年，合同能源管理模式登陆中国。相关部门同世界银行、全球环境基金共同开发和实施了"世行/全球环境基金中国节能促进项目"，在北京、辽宁、山东成立了示范性能源管理公司。运行几年来，3个示范合同能源管理公司项目的内部收益率都在30%以上。这种全新的商业模式让业内人士眼前一亮，但是不少谨慎的投资者并没有过早介入其中，一直在静观其变。此时的能源管理市场并没有显现出繁荣的景象。

2005年，我国提出了建设资源节约型社会和环境友好型社会的目标，并将能耗指标列入"十一五"规划，逐年分解纳入政府考核体系。在利好政策的引导下，不少企业从合同能源管理模式中嗅到商机，纷纷涌入这个领域。

4.2.2　合同能源管理的现状

当前在国内，"合同能源管理"也专指从事能源服务的企业（简称EMC）通过与客户签订节能服务合同，为客户提供包括能源审计、项目设计、工程施工、设备安装调试、人员培训、节能量确认等一整套的节能服务，并从客户节能改造后获得的节能效益中，收回投资和取得利润的一种商业运作模式。

EMC（Energy Management Company），国外也称ESCO（Energy Service Company），又称能源管理公司，是一种基于合同能源管理机制运作的、以赢利为目的的专业化公司。EMC与愿意进行节能改造的客户签订节能服务合同，向客户提供能源审计、可行性研究、项目设计、项目融资、设备和材料采购、工程施工、人员培训、节能量监测、改造系统的运行、维护和管理等服务，并通过与客户分享项目实施后产生的节能效益、承诺节能项目的节能效益、承包整体能源费用的方式为客户提供节能服务，并获得利润，滚动发展。

EMC是以盈利为目的的专业化节能服务企业，按合同能源管理机制为客户实施节能项目，项目的节能效益占项目总效益的一半以上。

与客户签订节能服务合同，保证实现承诺的节能量；从分享项目的部分节能效益收回投资并获取利润。

在合同期内，改造设备为 EMC 所有，EMC 分享的效益足额到账。合同结束后，节能设备和全部节能效益移交给客户。EMC 模式带给能耗企业的效益：

（1）能耗企业不用资金投入，即可完成节能技术改造。

（2）节能工程施工完毕，就可分享项目的部分节能效益。

（3）在合同期内，能耗企业的客户支付全部来自项目效益，现金流始终为正值。

（4）合同结束后，节能设备和全部节能效益归能耗企业。

（5）EMC 为能耗企业承担技术风险和经济风险。

EMC 是市场经济下的节能服务商业化实体，在市场竞争中谋求生存和发展，与我国从属于地方政府的节能服务中心有根本性的区别。EMC 所开展的 EPC 业务具有以下特点：

（1）商业性。EMC 是商业化运作的公司，以合同能源管理机制实施节能项目来实现赢利的目的。

（2）整合性。EMC 业务不是一般意义上的推销产品、设备或技术，而是通过合同能源管理机制为客户提供集成化的节能服务和完整的节能解决方案，为客户实施"交钥匙工程"；EMC 不是金融机构，但可以为客户的节能项目提供资金；EMC 不一定是节能技术所有者或节能设备制造商，但可以为客户选择提供先进、成熟的节能技术和设备；EMC 也不一定自身拥有实施节能项目的工程能力，但可以向客户保证项目的工程质量。对于客户来说，EMC 的最大价值在于：可以为客户实施节能项目提供经过优选的各种资源集成的工程设施及其良好的运行服务，以实现与客户约定的节能量或节能效益。

（3）多赢性。EPC 业务的一大特点是：一个该类项目的成功实施将使介入项目的各方包括 EMC、客户、节能设备制造商和银行等都能从中分享到相应的收益，从而形成多赢的局面。对于分享型的合同能源管理业务，EMC 可在项目合同期内分享大部分节能效益，以此来收回其投资并获得合理的利润；客户在项目合同期内分享部分节能效益，在合同期结束后获得该项目的全部节能效益及 EMC 投资的节能设备的所有权，此外，还获得节能技术和设备建设和运行的宝贵经验；节能设备制造商销售了其产品，收回了货款；银行可连本带息地收回对该项目的贷款，等等。正是由于多赢性，使得 EPC 具有持续发展的潜力。

（4）风险性。EMC 通常对客户的节能项目进行投资，并向客户承诺节能项目的节能效益，因此，EMC 承担了节能项目的大多数风险。可以说，EPC 业务是一项高风险业务。EPC 业务的成败关键在于对节能项目的各种风险的分析和管理。

4.2.3 合同能源管理机制成功的因素

EMC 在中国的运营实践表明，基于市场的合同能源管理机制适合中国国情，不仅颇受广大耗能企业的欢迎，其他如节能服务机构、能源企业、节能设备生产与销售企业、节能技术研发机构也非常欢迎，同时也引起不少投资机构的兴趣。从他们的运营实践分析，成功的原因除了中国存在着巨大的节能潜力和广阔的节能市场之外，还有合同能源管理机制的因素，这方面更加重要。

（1）节能项目的全过程服务。合同能源管理机制规定，实施节能项目的 EMC 要向客户提供项目全过程服务，包括融资，这一点颇受大中小型耗能企业和各类耗能用户欢迎，也是一般运营机制无可比拟的。

（2）承担节能项目的全部风险。合同能源管理机制的另一特点是 EMC 用合同方式保证客户获得足够的节能量，而且以分享项目获得的部分节能效益收回投资和利润，这就意味着 EMC 为客户承担了技术风险和经济风险，各类客户都十分欢迎。对于由节能设备供应商和节能新技术持有者组建的 EMC，更有利于快速占领市场。

（3）节能项目的融资。客户接受了合同能源管理机制，即可实现自身不投入或少投入资金完成节能技术改造。这一优势在当前我国大部分企业资金短缺的形式下尤其受欢迎。EMC 使用的资金是自有资金、世行贷款和其他贷款。

（4）其他。按照合同能源管理机制运营的 EMC 是专业化的节能服务企业，一般具有节能信息广泛，项目运作经验丰富，可以成捆实施节能项目等优势，这为减少项目的前期投入，采购廉价设备，降低施工费用奠定了基础。

EMC 公司按照合同能源管理机制实施节能项目的示范获得了成功，取得了经验，主要有以下几点：

（1）EMC 与客户的真诚合作。项目实施成功是 EMC 与客户双方共同的目标，客户的利益是不投入或少投入资金即可得到优良的节能设备和长期的节能和环境效益，EMC 则要从项目成功中赚得利润。许多案例证明，双方的真诚合作是最重要的，EMC 在项目全过程中进行优质服务，客户在项目全过程中密切配合是项目成功的保障。

（2）EMC 防范经济风险需要客户的帮助。为了达到 EMC 与客户双赢的目的，EMC 需要客户帮助防范经济风险。客户要向 EMC 提供企业的经营管理、财务状况、产品营销与发展前景、可供选择的担保和抵押措施等方面的翔实情况，以建立和增强 EMC 投资的信心；EMC 要以诚信精神对待客户，并为客户保守商业秘密，最终达到客户获得节能效益，EMC 赚得利润。

（3）EMC技术风险的防范。项目是否成功与改造方案的确定和节能技术与配套设备的选型直接相关，也与原始运行状况和耗能情况关系密切。EMC要在客户的坦诚帮助下，弄清原始运行和耗能情况，并在专家的指导下选好改造方案和所有技术与配套设备。这是防范技术风险的有效措施，也是项目成功的基础。

附录　GB/T 23331—2012能源管理体系要求

前　言

本标准等同采用国际标准ISO 50001：2011《能源管理体系要求及使用指南》。

本标准按照GB/T 1.1—2008给出的规则起草。

本标准代替了GB/T 23331—2009，与GB/T 23331—2009相比主要变化如下：

——增加了"边界"（见3.1）、"持续改进"（见3.2）、"纠正"（见3.3）、"纠正措施"（见3.4）、"能源消耗"（见3.7）、"能源管理团队"（见3.10）、"能源措施参数"（见3.13）、"能源评审"（见3.15）、"能源服务"（见3.16）、"能源使用"（见3.18）、"相关方"（见3.19）、"内部审核"（见3.20）、"不符合"（见3.21）、"组织"（见3.22）、"预防措施"（见3.23）、"程序"（见3.24）、"记录"（见3.25）、"范围"（见3.26）、"主要能源使用"（见3.27）和"最高管理者"（见3.28）等术语；

——修改了"能源"（见3.5）、"能源基准"（见3.6）和"能源绩效"（见3.12）的定义；

——修改了有关"总要求"（见4.1）、"管理职责"（见4.2）、"能源方针"（见4.3）、"策划"（见4.4）、"实施与运行"（见4.5）、"检查"（见4.6）、"管理评审"（见4.7）等各部分内容的具体要求；

——删除了"能源因素"和"能源管理标杆"术语。

本标准中"能源"、"能源使用"、"能源消耗"等术语与我国能源领域中的习惯定义存在差别，此类术语仅应用于能源管理体系的实施、应用过程，从而确保与ISO 50001协调一致。

本标准还做了下列编辑性的修改：

——删除了部分有关术语来源参考文件的批注；

——删除了部分与我国应用情况无关的批注；

——附录B中，将ISO相关标准修改为等同转化的国家标准并进行比较。

本标准由国家发展和改革委员会、国家标准化管理委员会提出。

本标准起草单位：中国标准化研究院、方圆标志认证集团、德州市能源利用监测中心、中国合格评定国家认可中心、宝山钢铁集团、中国电力企业联合会标准化管理中心、中国建材检验认证集团股份有限公司。

本标准主要起草人：王赓、李爱仙、李铁男、王世岩、朱春雁、黄进、梁秀英、任香贵、桂其林、杨德生、李燕、刘立波、周璐、周湘梅、张娣、石新勇。

本标准于2009年3月首次发布，本次为第一次修订。

1　范围

本标准规定了组织建立、实施、保持和改进能源管理体系的要求，旨在使组织能够采用系统的方法来实现能源目标，包括能源利用效率、能源使用和消耗状况的持续改进。

本标准规定了能源使用和消耗相关要求，包括测量、文件化和报告、设备、系统、过程的设计和采购，以及对能源绩效有影响的人员。

本标准考虑对能源绩效有影响，并且能够被组织监视和施加影响的所有变量。但本标准未规定具体的能源绩效水平要求。

本标准可单独使用，也可与其他管理体系整合使用。

本标准适用于任何自我声明能源方针并希望保证实现和展示其符合程度的组织，其符合性可通过自我评价、自我声明或外部的能源管理体系认证来确认。

2　规范性引用文件

无规范性引用文件。列出本条款是为了与其他管理体系标准的条款序列保持一致。

3　术语和定义

下列术语与定义适用于本文件。

3.1　边界　boundaries

组织确定的物理界限、场所界限或次级组织界限。

注：边界可以是一个或一组过程，一个场所、一个完整的组织或一个组织所控制的多个场所。

3.2　持续改进　continual improvement

不断提升能源绩效和能源管理体系的循环过程。

注1：建立目标并发现改进机会的过程是一个持续的过程。

注2：持续改进能实现整体能源绩效的不断改进，并与组织的能源方针相一致。

3.3　纠正　correction

消除发现的不符合（3.21）所采取的措施。

3.4　纠正措施　corrective action

为消除已发现的不符合（3.21）的原因所采取的措施。

注1：可能存在导致不符合行为的多个原因。

注2：采取纠正措施是为了防止再发生，而采取预防措施是为了防止产生。

3.5　能源　energy

电、燃料、蒸汽、热力、压缩空气以及其他相似介质。

注1：在本标准中，能源包括可再生能源在内的各种形式，可被购买、储存、处置、在设备或过程中使用以及被回收利用。

注2：能源可被定义为一个系统产生外部活动或开展工作的动力。

3.6　能源基准　energy baseline

用作比较能源绩效的定量参考依据。

注1：能源基准反映的是特定时间段的能源利用状况。

注2：能源基准可采用影响能源使用、能源消耗的变量来规范，例如：生产水平、度日数（户外温度）等。

注3：能源基准也可作为能源绩效改进方案实施前后的参照来计算节能量。

3.7　能源消耗　energy consumption

使用能源的量。

3.8　能源效率　energy efficiency

输出的能源、产品、服务或绩效,与输入的能源之比或其他数量关系。如:转换效率,能源需求/能源实际使用,输出/输入,理论运行的能源量/实际运行的能源量。

注:输入和输出都需要在数量及质量上进行详细说明,并且可以测量。

3.9　能源管理体系　energy management system（EnMS）

用于建立能源方针、能源目标、过程和程序以实现能源目标的一系列相互关联或相互作用的要素的集合。

3.10　能源管理团队　energy management team

负责有效地实施能源管理体系活动并实现能源绩效持续改进的人员。

注:组织的规模、性质、可用资源的多少将决定团队的大小。团队可以是一个人,如管理者代表。

3.11　能源目标　energy objective

为满足组织的能源方针而设定、与改进能源绩效相关的、明确的预期结果或成效。

3.12　能源绩效　energy performance

与能源效率（3.8）、能源使用（3.18）和能源消耗（3.7）有关的、可测量的结果。

注1:在能源管理体系中,可根据组织的能源方针、能源目标、能源指标以及其他能源绩效要求取得可测量的结果。

注2:能源绩效是能源管理体系绩效的一部分。

3.13　能源绩效参数　energy performance indicator（EnPI）

由组织确定,可量化能源绩效的数值或量度。

注:能源绩效参数可由简单的量值、比率或更为复杂的模型表示。

3.14　能源方针　energy policy

组织最高管理者发布的有关能源绩效的宗旨和方向。

注:能源方针为设定能源目标、指标及采取的措施提供框架。

3.15　能源评审　energy review

基于数据和其他信息，确定组织的能源绩效水平，识别改进机会的工作。

3.16　能源服务　energy services

与能源供应、能源利用有关的活动及其结果。

3.17　能源指标　energy target

由能源目标产生，未实现能源目标所需规定的具体、可量化的能源绩效要求，它们可适用于整个组织或其局部。

3.18　能源使用　energy use

使用能源的方式和种类。如通风、照明、加热、制冷、运输、加工、生产线等。

3.19　相关方　interested party

与组织能源绩效有关的或可受到组织影响的个人或群体。

3.20　内部审核　internal audit

获得证据并对其进行客观评价，考核能源管理体系要求执行程度的系统、独立、文件化的过程。

3.21　不符合　nonconformity

不满足要求。

3.22　组织　organization

具有自身职能和行政管理的公司、集团公司、商行、企事业单位、政府机构、社团或其结合体，或上述单位中具有自身职能和行政管理的一部分，无论其是否具有法人资格、公营或私营。

注：组织可以是一个人或一个群体。

3.23　预防措施　prevention action

为消除潜在的不符合（3.21）的原因所采取的措施。

注1：可能存在多个潜在不符合的原因。

注2：预防措施是为了防止不符合行为，而纠正措施是为了防止其重复发生。

3.24　程序　procedure

为进行某项活动或过程所规定的途径。

注1：程序可以形成文件，也可以不形成文件。

注2：程序一旦形成文件，"形成文件的程序"将被频繁使用。

3.25　记录　record

阐明所取得的结果或提供所从事活动证据的文件。

注：记录可用作可追溯性文件，并提供验证、预防措施和纠正措施的证据。

3.26　范围　scope

组织通过能源管理体系来管理的活动、设施及决策的范畴，可包括多个边界。

注：范围可包含与运输活动相关的能源。

3.27　主要能源使用　significant energy use

在能源消耗中占有较大比例或在能源绩效改进方面有较大潜力的能源使用。

注：重要程度由组织决定。

3.28　最高管理者　top management

在最高管理层指挥和控制组织的人员。

注：最高管理者在能源管理体系的范围和边界内控制组织。

4　能源管理体系要求

4.1　总要求

组织应：

a. 按照本标准要求，建立能源管理体系，编制和完善必要的文件，并按照文件要求组织具体工作的实施；体系建立后应确保日常工作按照文件要求持续有效运行，并不断完善体系和相关的文件。

b. 界定能源管理体系的管理范围和边界，并在有关文件中明确。

c. 策划并确定可行的方法，以满足本标准各项要求，持续改进能源绩效和能源管理体系。

4.2 管理职责

4.2.1 最高管理者

最高管理者应承诺支持能源管理体系，并持续改进能源管理体系的有效性，具体通过以下活动予以落实：

a. 确定能源方针，并实践和保持能源方针。

b. 任命管理者代表和批准组建能源管理团队。

c. 提供能源管理体系建立、实施、保持和改进所需要的资源，以达到能源绩效目标。

注：资源包括人力资源、专业技能、技术和财务资源等。

d. 确定能源管理体系的范围和边界。

e. 在内部传达能源管理的重要性。

f. 确保建立能源目标、指标。

g. 确保能源绩效参数适用于本组织。

h. 在组织长期规划中考虑能源绩效问题。

i. 确保按照规定的时间间隔测量和报告能源管理的结果。

j. 实施管理评审。

4.2.2 管理者代表

最高管理者应指定具有相应技术和能力的人担任管理者代表，无论其是否具有其他方面的职责和权限，管理者代表在能源管理体系中的职责权限应包括：

a. 确保按照本标准的要求建立、实施、保持和持续改进能源管理体系。

b. 指定相关人员，并由相应的管理层授权，共同开展能源管理活动。

c. 向最高管理者报告能源绩效。

d. 向最高管理者报告能源管理体系绩效。

e. 确保策划有效的能源管理活动，以落实能源方针。

f. 在组织内明确规定和传达能源管理相关的职责和权限，以有效推动能源管理。

g. 制定能够确保能源管理体系有效控制和运行的准则和方法。

h. 提高全员对能源方针、能源目标的认识。

4.3 能源方针

能源方针应阐述组织为持续改进能源绩效所做的承诺，最高管理者应制定能源方针，并确保其满足：

a. 与组织能源使用和消耗的特点、规模相适应。

b. 包括改进能源绩效的承诺。

c. 包含提供可获得的信息和必需的资源的承诺，以确保实现能源目标和指标。

d. 包括组织遵守节能相关的法律法规及其他要求的承诺。

e. 为制定和评价能源目标、指标提供框架。

f. 支持高效产品和服务的采购，以及改进能源绩效的设计。

g. 形成文件，在内部不同层面得到沟通、传达。

h. 根据需要定期评审和更新。

4.4 策划

4.4.1 总则

组织应进行能源管理策划，形成文件。策划应与能源方针保持一致，并保证持续改进能源绩效。

策划应包含对能源绩效有影响活动的评审。

4.4.2 法律法规及其他要求

组织应建立渠道，获取节能相关的法律法规及其他要求。

组织应确定准则和方法，以确保将法律法规及其他要求应用于能源管理活动中，并确保在建立、实施和保持能源管理体系时考虑这些要求。

组织应在规定的时间间隔内评审法律法规和其他要求。

4.4.3 能源评审

组织应将实施能源评审的方法学和准则形成文件，并组织实施能源评审，评审结果应进行记录，能源评审内容包括：

a. 基于测量和其他数据，分析能源使用和能源消耗，包括：

——识别当前的能源种类和来源；

——评价过去和现在的能源使用情况和能源消耗水平。

b. 基于对能源使用和能源消耗的分析，识别主要能源使用的区域等，包括：

——识别对能源使用和能源消耗有重要影响的设施、设备、系统、过程和为组织工作或代表组织工作的人员；

——识别影响主要能源使用的其他相关变量；

——确定与主要能源使用相关的设施、设备、系统、过程的能源绩效现状；

——评估未来的能源使用和能源消耗。

c. 识别改进能源绩效的机会，并进行排序，识别结果须记录。

注：机会可能与潜在的能源、可再生能源和其他可替代能源（如余能）的使用有关。

组织应按照规定的时间间隔定期进行能源评审，当设施、设备、系统、过程发生显著变化时，应进行必要的能源评审。

4.4.4 能源基准

组织应使用初始能源评审的信息，并考虑与组织能源使用和能源消耗特点相适应的时段，建立能源基准。组织应通过与能源基准的对比测量能源绩效的变化。

当出现以下一种或多种情况时，应对能源基准进行调整：

a. 能源绩效参数不再能够反映组织能源使用和能源消耗情况时。

b. 用能过程、运行方式或用能系统发生重大变化时。

c. 其他预先规定的情况。

组织应保持并记录能源基准。

4.4.5 能源绩效参数

组织应识别适应于对能源绩效参数进行监视和测量的能源绩效参数。确定和更新能源绩效参数的方法学应予以记录，并定期评审此方法学的有效性。

组织应对能源绩效参数进行评审，适用时，与能源基准进行比较。

4.4.6 能源目标、能源指标与能源管理实施方案

组织应建立、实施和保持能源目标和指标，覆盖相关职能、层次、过程或设施等层面，并形成文件。组织应制定实现能源目标和指标的时间进度要求。

能源目标和指标应与能源方针保持一致，能源指标应与能源目标保持一致。

建立和评审能源目标指标时，组织应考虑能源评审中识别出的法律法规和其他要求、主要能源使用以及改进能源绩效的机会。同时也应考虑财务、运行、经营条件、可选择的技术以及相关方的意见。

组织应建立、实施和保持能源管理实施方案以实现能源目标和指标。能源管理实施方案应包括：

　　a. 职责的明确；

　　b. 达到每项指标的方法和时间进度；

　　c. 验证能源绩效改进的方法；

　　d. 验证结果的方法。

能源管理实施方案应形成文件，并定期更新。

4.5　实施与运行

4.5.1　总则

组织在实施和运行体系过程中，应使用策划阶段产生的能源管理实施方案及其他结果。

4.5.2　能力、培训与意识

组织应确保与主要能源使用相关的人员具有基于相应教育、培训、技能或经验所要求的能力，无论这些人员是为组织或代表组织工作。组织应识别与主要能源使用及与能源管理体系运行控制有关的培训需求，并提供培训或采取其他措施来满足这些需求。

组织应保持适当的记录。

组织应确保为其或代表其工作的人员认识到：

　　a. 符合能源方针、程序和能源管理体系要求的重要性；

　　b. 满足能源管理体系要求的作用、职责和权限；

　　c. 改进能源绩效所带来的益处；

　　d. 自身活动对能源使用和消耗产生的实际或潜在影响，其活动和行为对实现能源目标和指标的贡献，以及偏离规定程序的潜在后果。

4.5.3　信息交流

组织应根据自身规模，建立关于能源绩效、能源管理体系运行的内部沟通机制。

　　组织应建立和实施一个机制，使得任何为其或代表其工作的人员能为能源管理体系的改进提出建议和意见。

　　组织应决定是否与外界开展与能源方针、能源管理体系和能源绩效有关的信息交流，并将此决定形成文件。如果决定与外界进行交流，组织应制定外部交流的方法并实施。

4.5.4 文件

4.5.4.1 文件要求

　　组织应以纸质、电子或其他形式建立、实施和保持信息，描述能源管理体系核心要素及其相互关系。

能源管理体系文件应包括：

　　a. 能源管理体系的范围和边界；

　　b. 能源方针；

　　c. 能源目标、指标和能源管理实施方案；

　　d. 本标准要求的文件，包括记录；

　　e. 组织根据自身需要确定的其他文件。

　　注：文件的复杂程度因组织的不同而有所差异，取决于：

　　——组织的规模和活动类型；

　　——过程及其相互关系的复杂程度；

　　——人员能力。

4.5.4.2 文件控制

　　组织应控制本标准所要求的文件、其他能源管理体系相关的文件，适当时包括技术文件。

　　组织应建立、实施和保持程序，以便：

　　a. 发布前确认文件适用性；

　　b. 必要时定期评审和更新；

　　c. 确保对文件的更改和现行修订状态做出标识；

　　d. 确保在使用处可获得适用文件的相关版本；

　　e. 确保字迹清楚，易于识别；

　　f. 确保组织策划、运行能源管理体系所需的外来文件得到识别，并对其分发进行控制；

g. 防止对过期文件的非预期使用。如需将其保留，应做出适当的标识。

4.5.5 运行控制

组织应识别并策划与主要能源使用相关的运行和维护活动，使之与能源方针、能源目标、指标和能源管理实施方案一致，以确保其在规定条件下按下列方式运行：

a. 建立和设置主要能源使用有效运行和维护的准则，防止因缺乏该准则而导致的能源绩效的严重偏离。

b. 根据运行准则运行和维护设施、设备、系统和过程。

c. 将运行控制准则适当地传达给为组织或代表组织工作的人员。

注：在策划意外事故、紧急情况或潜在灾难的预案时（包含设备采购），组织可选择将能源绩效作为决策的依据之一。

4.5.6 设计

组织在新建和改进设施、设备、系统和过程的设计时，并对能源绩效具有重大影响的情况下，应考虑能源绩效改进的机会和运行控制。

适当时，能源绩效的评估结果应纳入相关项目的规范、设计和采购活动中。

4.5.7 能源服务、产品、设备和能源采购

在购买对主要能源使用具有或可能具有影响的能源服务、产品和设备时，组织应告知供应商，采购决策将部分基于对能源绩效的评价。

当采购对组织的能源绩效有重大影响的能源服务、设备和产品时，组织应建立和实施相关准则，评估其在计划的或预期的使用寿命内对能源使用、能源消耗和能源效率的影响。

为实现高效的能源使用，适用时，组织应制定文件化的能源采购规范。

4.6 检查

4.6.1 监视、测量与分析

组织应确保对其运行中的决定能源绩效的关键特性进行定期监视、测量和分析，关键特性至少应包括：

a. 主要能源使用和能源评审的输出；

b. 与主要能源使用相关的变量；

c. 能源绩效参数；

d. 能源管理实施方案在实现能源目标、指标方面的有效性；

e. 实际能源消耗与预期的对比评价。

组织应保存监视、测量关键特性的记录。

组织应制定和实施测量计划，且测量计划应与组织的规模、复杂程度及监视和测量设备相适应。

注：测量方式可以只用公用设施计量方式（如：对小型组织），若干个与应用软件相连、能汇总数据和进行自动分析的完整的监视和测量系统。测量的方式和方法由组织自行决定。

组织应确定并定期评审测量需求。组织应确保用于监视和测量关键特性的设备提供的数据是准确、可重现的，并应保存标准记录和采取其他方式以确立准确度和可重复性。

组织应调查能源绩效中的重大偏差，并采取应对措施。

组织应保持上述活动的结果。

4.6.2 　合规性评价

组织应定期评价组织与能源使用和消耗相关的法律法规和其他要求的遵守情况。

组织应保存合规性评价结果的记录。

4.6.3 　能源管理体系的内部审核

组织应定期进行内部审核，确保能源管理体系：

a. 符合预定能源管理体系的安排，包括符合本标准的要求；

b. 符合建立的能源目标和指标；

c. 得到了有效的实施与保持，并改进了能源绩效。

组织应考虑审核的过程、区域的状态和重要性，以及以往审核的结果制定内审方案和计划。

审核员的选择和审核的实施应确保审核过程的客观性和公正性。

组织应记录内部审核的结果并向最高管理者汇报。

4.6.4 　不符合、纠正、纠正措施和预防措施

组织应通过纠正、纠正措施和预防措施来识别和处理实际的或潜在的不符合，包括：

a. 评审不符合或潜在的不符合；

b. 确定不符合或潜在不符合的原因；

c. 评估采取措施的需求确保不符合不重复发生或不会发生；

d. 制定和实施所需的适宜的措施；

e. 保留纠正措施和预防措施的记录；

f. 评审所采取的纠正措施和或预防措施的有效性。

纠正措施和预防措施应与实际的或潜在问题的严重程度以及能源绩效结果相适应。

组织应确保在必要时对能源管理体系进行改进。

4.6.5 记录控制

组织应根据需要，建立并保持记录，以证实符合能源管理体系和本标准的要求以及所取得的能源绩效成果。

组织应对记录的识别、检索和留存进行规定，并实施控制。

相关活动的记录应清楚、标识明确，具有可追溯性。

4.7 管理评审

4.7.1 总则

最高管理者应按策划或计划的时间间隔对组织的能源管理体系进行评审，以确保其持续的适宜性、充分性和有效性。

组织应保存管理评审的记录。

4.7.2 管理评审的输入

管理评审的输入应包括：

a. 以往管理评审的后续措施；

b. 能源方针的评审；

c. 能源绩效和相关能源绩效参数的评审；

d. 合规性评价的结果以及组织应遵循的法律法规和其他要求的变化；

e. 能源目标和指标的实现程度；

f. 能源管理体系的审核结果；

g. 纠正措施和预防措施的实施情况；

h. 对下一阶段能源绩效的规划；

i. 改进建议。

4.7.3　管理评审的输出

管理评审的输出应包括与下列事项相关的决定和措施：

a. 组织能源绩效的变化；

b. 能源方针的变化；

c. 能源绩效参数的变化；

d. 基于持续改进的承诺，组织对能源管理体系的目标、指标和其他要素的调整；

e. 资源分配的变化。

5 经济性分析

　　资金时间价值是一个客观存在的经济范畴，是企业节能项目管理中必须考虑的一个重要因素。随着经济和社会的不断发展，金融市场也不断地发展和完善，为资金时间价值的存在提供了基础，同时也提高了利用资金时间价值的机会。其中，资金的时间价值揭示不同时点上资金的换算关系，是企业筹资和投资决策须考虑的一个重要因素，也是企业进行节能管理经济性分析的基础，离开这一因素，就无法计算不同时期的财务收支，无法正确评价企业盈亏。

5.1　技术经济分析基础

5.1.1　投资估算

　　投资估算是指在项目投资决策过程中，依据现有的资料和特定的方法，对建设项目的投资数额进行的估计。它是项目建议书、项目申请报告和可行性研究报告的重要组成部分，是项目决策的重要依据之一。

　　投资估算是建设项目技术经济评价和投资决策的基础，在项目建议书、预可行性研究、可行性研究、方案设计阶段（包括概念方案设计和报批方案设计）应编制投资估算。投资估算的主要作用如下：

　　（1）项目建议书阶段的投资估算，是建设项目主管部门审批项目建议书的依据之一，并对项目的策划、规模起参考作用。

　　（2）项目可行性研究阶段的投资估算，是项目投资决策的重要依据，也是研究、分析、计算项目投资经济效果的重要条件。

　　（3）投资估算是项目经济评价的基础。

　　（4）投资估算是方案选择的重要依据，是项目投资决策的重要依据，是确定项目投资水平的依据，并对项目的规划、规模起参考作用。

　　（5）投资估算是项目资金筹措及制定建设贷款计划的依据，建设单位可根据批准的项目投资估算额，进行资金筹措和向银行申请贷款。

　　（6）投资估算是核算建设项目固定资产投资需要额和编制固定资产投资计划的依据。

　　（7）投资估算对工程设计概算起控制作用。

（8）项目投资估算是进行工程设计招标，优选设计单位和设计方案的依据。

（9）项目投资估算是实行工程限额设计的依据。

投资估算文件一般由编制说明、投资估算分析、总投资估算表、单项工程估算表、工程建设其他费用估算表（包括固定资产其他投资估算、无形资产投资估算、递延资产投资估算、建设期利息）、主要技术经济指标、流动资金估算等内容组成。

投资估算根据国家规定，从满足建设项目设计和明确投资规模的角度，投资估算的内容应是建设工程项目的总投资。作为生产性项目而言，项目的总投资包括固定资产投资和流动资金投资两部分。固定资产投资估算的内容按照费用的性质划分，有建筑安装工程费、设备购置费、其他费用、动态费用等。流动资金是指生产经营性项目投产后，用于购买原材料、燃料、支付工资及其他经营费用等所需的周转资金。项目投资估算的主要阶段划分如下：

（1）项目规划阶段的投资估算。

（2）项目建议书阶段的投资估算。

（3）初步可行性研究阶段的投资估算。

（4）详细可行性研究阶段的投资估算。

在项目的投资估算方法中主要包括静态投资部分的估算、动态投资部分的估算和流动资金的估算三部分，每一部分根据不同的内容有不同的估算方法，投资估算方法部分的主要内容如下。

5.1.1.1 静态投资部分的估算方法

A 单位生产能力估算法

依据调查的统计资料，利用相近规模的单位生产能力投资乘以建设规模，即得拟建项目投资。其计算公式如下：

$$C_2 = (C_1/Q_1)Q_2 f$$

式中 C_1——已建类似项目的投资额；

C_2——拟建项目投资额；

Q_1——已建类似项目的生产能力；

Q_2——拟建项目的生产能力；

f——不同时期、不同地点的定额、单价、费用变更等的综合调整系数。

把项目的建设投资与其生产能力的关系视为简单的线性关系，估算结果精确度较差。通常是把项目按其下属的车间、设施和装置进行分解，分别套用类似车间、设施和装置的单位生产能力投资指标计算，然后加总求得项目总投资。或根据拟建项目的规模和建设条件，将投资进行适当调整后估算项目的投资额。这种方法主要用于新建项目或装置的估算，可达±30%，即精度达70%。

B 生产能力指数法

生产能力指数法又称指数估算法，它是根据已建成的类似项目生产能力和投资额来粗略估算拟建项目投资额的方法。其计算公式为

$$C_2 = C_1(Q_2/Q_1)xf$$

式中　x——生产能力指数。

其他符号含义同前。

上式表明，造价与规模（或容量）呈非线性关系，且单位造价随工程规模（或容量）的增大而减小。在正常情况下，$0 \leqslant x \leqslant 1$。

若已建类似项目的生产规模与拟建项目生产规模相差不大于50倍，且拟建项目生产规模的扩大仅靠增大设备规模来达到时，则 x 的取值在0.6~0.7之间；若是靠增加相同规格设备的数量达到时，x 的取值在0.8~0.9之间。

指数法主要应用于拟建装置或项目与用来参考的已知装置或项目的规模不同的场合。

生产能力指数法与单位生产能力估算法相比精确度略高，其误差可控制在±20%以内，尽管估价误差仍较大，但有它独特的好处：首先这种估价方法不需要详细的工程设计资料，只知道工艺流程及规模就可以；其次对于总承包工程而言，可作为估价的旁证，在总承包工程报价时，承包商大都采用这种方法估价。

C 系数估算法

系数估算法也称为因子估算法，它是以拟建项目的主体工程费或主要设备费为基数，以其他工程费占主体工程费的百分比为系数估算项目总投资的方法。这种方法简单易行，但是精度较低，一般用于项目建议书阶段。系数估算法的种类很多，下面介绍几种主要类型。

（1）设备系数法。以拟建项目的设备费为基数，根据已建成的同类项目的建筑安装费和其他工程费等占设备价值的百分比，求出拟建项目建筑安装工程费和其他工程费，进而求出建设项目总投资。其计算公式为

$$C = E(1 + f_1 P_1 + f_2 P_2 + \cdots) + I$$

式中　　　C——拟建项目投资额；

　　　　　E——拟建项目设备费；

P_1，P_2，$\cdots$——已建项目中建筑安装费及其他工程费等占设备费的比重；

f_1，f_2，$\cdots$——由于时间因素引起的定额、价格、费用标准等变化的综合调整系数；

　　　　　I——拟建项目的其他费用。

（2）主体专业系数法。以拟建项目中投资比重较大，并与生产能力直接相关的工艺设备投资为基数，根据已建同类项目的有关统计资料，计算出拟建项目

各专业工程（总图、土建、给排水、管道、电气、自控等）占工艺设备投资的百分比，据以求出拟建项目各专业投资，然后加和即为项目总投资。其计算公式为

$$C = E(1 + f_1 P_1' + f_2 P_2' + \cdots) + I$$

式中 P_1'，P_2'，…——已建项目中各专业工程费用占设备费的比重。

其他符号含义同前。

（3）朗格系数法。这种方法是以设备费为基数，乘以适当系数来推算项目的建设费用。其计算公式为

$$C = E(1 + \sum K_i) K_C$$

式中 C——总建设费用；

       E——主要设备费；

       K_i——管线、仪表、建筑物等项费用的估算系数；

       K_C——管理费、合同费、应急费等项费用的总估算系数。

总建设费用与设备费用之比为朗格系数 K_L，即

$$K_L = (1 + \sum K_i) K_C$$

应用朗格系数法进行工程项目或装置估价的精度仍不是很高，但其可以评估装置规模大小发生变化的影响、不同地区自然地理条件的影响、不同地区经济地理条件的影响、不同地区气候条件的影响和主要设备材质发生变化时，设备费用变化较大而安装费变化不大所产生的影响。朗格系数法是以设备费为计算基础，估算误差在 10%~15%。

D   比例估算法

根据统计资料，先求出已有同类企业主要设备投资占全厂建设投资的比例，然后再估算出拟建项目的主要设备投资，即可按比例求出拟建项目的建设投资。其表达式为

$$I = 1/K \sum Q_i P_i$$

式中 I——拟建项目的建设投资；

       K——主要设备投资占拟建项目投资的比例；

       Q_i——第 i 种设备的数量；

       P_i——第 i 种设备的单价（到厂价格）。

E   指标估算法

指标估算法是把建设项目划分为建筑工程、设备安装工程、设备购置费及其他基本建设费等费用项目或单位工程，再根据各种具体的投资估算指标，进行各项费用项目或单位工程投资的估算，在此基础上，可汇总成每一单项工程的投资。另外，再估算工程建设其他费用及预备费，即求得建设项目总投资。

估算指标是一种比概算指标更为扩大的单位工程指标或单项工程指标。编制方法是采用有代表性的单位或单项工程的实际资料，采用现行的概预算定额编制概预算。或收集有关工程的施工图预算或结算资料，经过修正、调整反复综合平衡，以单项工程（装置、车间）或工段（区域，单位工程）为扩大单位，以"量"和"价"相结合的形式，用货币来反映活劳动与物化劳动。估算指标应是以定"量"为主，故在估算指标中应有人工数、主要设备规格表、主要材料量、主要实物工程量、各专业工程的投资等。对单项工程，应做简洁的介绍，必要时还要附工艺流程图、物料平衡表及消耗指标，这样就为动态计算和经济分析创造了条件。

5.1.1.2 动态投资部分的估算方法

建设投资动态部分主要包括价格变动可能增加的投资额、建设期利息两部分内容，如果是涉外项目，还应该计算汇率的影响。动态部分的估算应以基准年静态投资的资金使用计划为基础来计算，而不是以编制的年静态投资为基础计算。

A 涨价预备费的估算

涨价预备费的估算可按国家或部门的具体规定执行，一般按下式计算：

$$PF = \sum I_t \left[(1 + f)^{t-1} \right]$$

式中 PF——涨价预备费；

　　　I_t——第 t 年投资计划额；

　　　f——年均投资价格上涨率。

上式中的年度投资用计划额 I_t 可由建设项目资金使用计划表中得出，年价格变动率可根据工程造价指数信息的累积分析得出。

B 汇率变化对涉外建设项目动态投资的影响及计算方法

（1）外币对人民币升值。项目从国外市场购买设备材料所支付的外币换算成人民币的金额增加。

（2）外币对人民币贬值。项目从国外市场购买设备材料所支付的外币换算成人民币的金额减少。

C 建设期利息的估算

建设期利息是指项目借款在建设期内发生并计入固定资产投资的利息。计算建设期利息时，为了简化计算，通常假定当年借款按半年计息，以上年度借款按全年计息，计算公式为

各年应计利息 =（年初借款本息累计 + 本年借款额 /2）× 年利率

年初借款本息累计 = 上一年年初借款本息累计 + 上年借款 + 上年应计利息

$$本年借款 = 本年度固定资产投资 - 本年自有资金投入$$
$$建设期利息 = 建设期各年应计利息合计$$

5.1.1.3　流动资金估算方法

流动资金是指生产经营性项目投产后，为进行正常生产运营，用于购买原材料、燃料，支付工资及其他经营费用等所需的周转资金。流动资金估算一般采用分项详细估算法，个别情况或者小型项目可采用扩大指标法。

A　分项详细估算法

流动资金的显著特点是在生产过程中不断周转，其周转额的大小与生产规模及周转速度直接相关。分项详细估算法是根据周转额与周转速度之间的关系，对构成流动资金的各项流动资产和流动负债分别进行估算。在可行性研究中，为简化计算，仅对存货、现金、应收账款和应付账款四项内容进行估算，计算公式为

$$流动资金 = 流动资产 - 流动负债$$
$$流动资产 = 应收账款 + 存货 + 现金$$
$$流动负债 = 应付账款$$
$$流动资金本年增加额 = 本年流动资金 - 上年流动资金$$

估算的具体步骤，首先计算各类流动资产和流动负债的年周转次数，然后再分项估算占用资金额。

周转次数是指流动资金的各个构成项目在一年内完成多少个生产过程。

$$周转次数 = 360 \text{ 天}/最低需要周转天数$$

存货、现金、应收账款和应付账款的最低周转天数，可参照同类企业的平均周转天数并结合项目特点确定。又因为

$$周转次数 = 周转额/各项流动资金平均占用额$$

如果周转次数已知，则

$$各项流动资金平均占用额 = 周转额/周转次数$$

应收账款是指企业对外赊销商品、劳务而占用的资金。应收账款的周转额应为全年赊销销售收入。在可行性研究时，用销售收入代替赊销收入。

计算公式如下：

$$应收账款 = 年销售收入/应收账款周转次数$$

存货是企业为销售或者生产耗用而储备的各种物资，主要有原材料、辅助材料、燃料、低值易耗品、维修备件、包装物、在产品、自制半成品和产成品等。为简化计算，仅考虑外购原材料、外购燃料、在产品和产成品，并分项进行计算。

计算公式如下：

存货 = 外购原材料 + 外购燃料 + 在产品 + 产成品

外购原材料占用资金 = 年外购原材料总成本 / 原材料周转次数

外购燃料 = 年外购燃料 / 按种类分项周转次数

在产品 = (年外购原材料、燃料 + 年工资及福利费 + 年修理费 +

年其他制造费) / 在产品周转次数

产成品 = 年经营成本 / 产成品周转次数

项目流动资金中的现金是指货币资金，即企业生产运营活动中停留于货币形态的那部分资金，包括企业库存现金和银行存款。计算公式为

现金需要量 = (年工资及福利费 + 年其他费用) / 现金周转次数

年其他费用 = 制造费用 + 管理费用 + 销售费用

流动负债是指在一年或者超过一年的一个营业周期内，需要偿还的各种债务。在可行性研究中，流动负债的估算只考虑应付账款一项。计算公式为

应付账款 = (年外购原材料 + 年外购燃料) / 应付账款周转次数

根据流动资金各项估算结果，编制流动资金估算表。

B 扩大指标估算法

扩大指标估算法是根据现有同类企业的实际资料，求得各种流动资金率指标，亦可依据行业或部门给定的参考值或经验确定比率。将各类流动资金率乘以相对应的费用基数来估算流动资金。一般常用的基数有销售收入、经营成本、总成本费用和固定资产投资等。扩大指标估算法简便易行，但准确度不高，适用于项目建议书阶段的估算。扩大指标估算法计算流动资金的公式为

年流动资金额 = 年费用基数 × 各类流动资金率

年流动资金额 = 年产量 × 单位产品产量占用流动资金额

C 估算流动资金应注意的问题

估算流动资金应注意的问题具体如下：

(1) 在采用分项详细估算法时，应根据项目实际情况分别确定现金、应收账款、存货和应付账款的最低周转天数，并考虑一定的保险系数。

(2) 在不同生产负荷下的流动资金，应按不同生产负荷所需的各项费用金额，分别按照上述的计算公式进行估算，而不能直接按照100%生产负荷下的流动资金乘以生产负荷百分比求得。

(3) 流动资金属于长期性（永久性）流动资产，流动资金的筹措可通过长期负债和资本金（一般要求占30%）的方式解决。流动资金一般要求在投产前一年开始筹措，为简化计算，可规定在投产的第一年开始按生产负荷安排流动资金需用量。其借款部分按全年计算利息，流动资金利息应计入生产期间财务费用，项目计算期末收回全部流动资金（不含利息）。

5.1.1.4 投资估算的审查

A 审查投资估算编制依据的可行性

(1) 审查选用的投资估算方法的科学性和适用性。

(2) 审查投资估算采用数据资料的时效性和准确性。

B 审查投资估算的编制内容与规定、规划要求的一致性

(1) 审查项目投资估算包括的工程内容与规定要求是否一致，是否漏掉了某些辅助工程、室外工程等建设费用。

(2) 审查项目投资估算项目产品生产装置的先进水平和自动化程度是否符合规划要求的先进程度。

(3) 审查是否对拟建项目与已运行项目在工程成本、工艺水平、规模大小、自然条件、环境因素等方面的差异做出了适当的调整。

C 审查投资估算的费用项目、费用数额的符实性

(1) 审查费用项目与规定要求、实际情况是否相符，是否有漏项或多项现象，估算的费用项目是否符合国家规定，是否针对具体情况做了适当的增减。

(2) 审查"三废"处理所需投资是否已估算，其估算数额是否符合实际。

(3) 审查是否考虑了物价上涨和汇率变动对投资额的影响，波动变化幅度是否合适。

(4) 审查是否考虑了采用新技术、新材料以及现行标准和规范比已运行项目的要求提高所需增加的投资额，考虑的额度是否合适。

5.1.2 项目预算管理与成本控制

需要对预算进行重新定位：首先，预算是一种战略思考的方式和过程，通过对企业外部环境和内部条件的分析，确定其商业模式。其次，预算的编制过程也是一个预测评估经营风险、优化企业资源配置和业务流程的过程。许多经理人在定目标的时候都希望目标定得越低越好，但在分配资源时都希望预算越高越好。然而企业资源是有限的，不可能满足每个人的需求，如何让有限的资源得到最佳配置？当然是企业的商业模式。第三，预算为绩效考核提供了一个标准，也是对管理者进行奖惩的依据。因为现代企业的治理结构是"三会一总"，"三会"即董事会、监事会、股东大会，"一总"指总经理。股东大会和董事会是委托代理关系，董事会和总经理也是委托代理关系。董事会通过两种手段约束总经理：一是内部审计，二是绩效考核，将总经理和管理团队的个人收入与他们所完成的业绩挂钩。第四，预算还是一种动态的管理工具。在管理学上有一个著名的戴明循环，P（Plan）计划，D（Do）执行，C（Check）检查，A（Action）行动，利用预

算可以对企业的经营过程进行有效监控。因此，预算不仅仅是做一堆表格，编一堆数据，它是一个战略管理的工具。

虽然预算如此重要，但我们也发现企业在预算编制或执行过程中存在着以下误区：

（1）没有制约力。有人觉得预算没有用，超了找老板签字就可以了。

（2）缺乏战略指导。企业做预算只重视短期效益，缺乏长远规划。

（3）纸上谈兵。有人觉得编制预算是财务部门的工作，不是业务部门的事情。

（4）缺乏全员性。很多企业员工认为编预算是部门经理的事，与自己没有关系。缺乏谁花钱，谁编制预算的理念。

（5）考核范围狭窄。有人觉得预算是对部门经理的考核，不是对员工的考核。

（6）本位主义。很多企业在预算编制过程当中都有一些不正当的利益纠纷，预算变成斗争工具。

（7）节流忘了开源。企业编制预算只注重成本控制，资源配置缺乏战略性。

（8）上行下不效。预算结果没有得到公司上下的一致认同。

（9）秋后算账。有些企业把预算考核放在第二年初才进行，没有按月对预算的执行情况进行跟踪，检查。

一个企业里通常有三种人：先知先觉，后知后觉，不知不觉。预算的目的是让财务部门从后知后觉变成先知先觉，因为预算是按经营目标配置资源的。

预算是一个系统工程。它是对企业未来的经营活动进行预测，最后用数据反映出来。预算也是团队合作的产物，它的目的是把每个经理和员工个人头脑中的知识和信息集中起来，帮助经营者做出正确的决策。预算的好坏也反映了企业内部专业知识沟通的水平和信息处理能力。预算编制应分为四步：

（1）战略：确定目标和方向。

（2）计划：根据目标采取行动，包括产供销、运营、人力资源等一系列计划。

（3）预算：把计划变成数字。

（4）绩效考核：将预算分解到每个部门和员工。

预算是一个系统工程，它是建立在一系列假设的基础上，最基本的假设就是对明年市场的判断，也就是销售预测。销售预测通常有三种方法：

第一种是自上而下。由经营者根据自己经验和判断，直接下达明年的销售收入指标。这种做法要求经营者必须对市场了如指掌，"虽不中，亦不远矣"，对决策者要求比较高。判断预测法的好处是具有最佳的决策时效，不需要讨价还价。但它的缺点是如果经营者获得的资讯不足，往往容易以偏概全；最大的弊端是销售员没有参与预测过程，他们可能对完成目标缺乏甚至没有信心。

第二种是自下而上。由销售员提出自己对明年销售额的预测，销售部综合销售员的意见，制定下年度销售收入的目标。这个做法的好处是销售员肯定有足够的信心完成，缺点是销售员可能会故意低估预测值，以求更容易地完成目标。

还有一种方法，是由市场部根据整个行业的格局，比如根据整个行业的规模和公司的竞争地位应该占多少市场份额给销售部门下达销售收入指标，销售部门肯定会对该指标提出异议，当两个部门争执不下时，再由老板出面协调，做出最后决策。

这三种方法，各有利弊。不管采用什么方法，销售预测应分成四个方面：

（1）按产品的种类线预测明年的销量和销售价格的变化；

（2）按不同区域来预测；

（3）按客户来预测；

（4）按销售员预测。

销售费用预算可根据历史数据，或销售额的百分比；也可以按促销计划，比如快速消费品企业通常在节日搞促销，销售费用的分配重点应该放在促销活动上；如果一个公司同时有新产品、老产品，新产品会投入更多的营销资源。

生产预算一般是按照以下步骤进行：

（1）先预测产量，以销定产，本期产量＝安全存量＋本期预测销量－期初存量。

（2）生产成本预测可分为三大块：量、工、费。对于材料的消耗可采用标准定额，但标准定额不是一成不变的，它是随着工艺流程的改善优化等因素而逐步提高的。

（3）人工成本。人工成本要考虑两件事：第一是根据下一年的生产计划，考虑是需要加人还是裁人，所以，应先做一个人力需求预测；第二要考虑薪酬调整因素，一个企业要想留住优秀的员工必须提供有吸引力的报酬。工资调整要考虑很多因素，比如该地区本年度工资增长的比例，竞争对手的水平，当然更要考虑本公司的实际情况。

（4）制造费用和其他期间费用可按部门来预测，部门费用分为两类，工资性费用和非工资性费用。做非工资性费用预算时要注意：第一，科目越细越好，科目越细，以后进行差异分析时更容易看到哪些费用超支了，哪些费用节省了；第二，要提供3~5年的数据作为部门费用预算的依据；第三，各项费用的调整比例应该根据公司当年的战略导向来定。如果是收入导向，因为产量提高，销量增加，需要各个部门的支持工作也多了，可以考虑适当增加一些费用的预算；如果是利润导向，最简单的方法就是每个科目取前三年的最低值，用一种强制的办法把费用降下来。还有一点需要特别注意，预算表格做完以后不要直接发下去，最好开个会培训一下。

（5）采购预算。每个月的采购量可以用每种原材料的预计生产领用量加上安全存量，再减去预期的存量。

人们每天辛辛苦苦工作为了挣钱，挣钱是为了花钱，花钱是为了让人们的生活更有质量。做企业则是为了挣钱，因为企业存在的价值就是盈利。但是企业要挣钱必须先花钱，有时候花钱不一定能够挣到钱，所以预算的目的就是要求证从花钱到挣钱路径的合理性和逻辑性。预算管的是花钱的动因和过程，因为预算解决的是目标和资源的匹配，把过程和动因管好了，挣钱的结果应该是自然而然的。

预算是一个管理工具，对于财务人员而言，编制预算应按管理会计的思路，管理应该越简单越好。所以我们做资产负债表预算时不用每个科目都预测，只要把与经营有关的科目预算准确就可以了。比如在流动资产中，主要把现金、货币资金、应收款和存货这几个科目的余额预测准确就可以了，对存货影响比较大的是采购、生产和销售部门，销售部对应收款的影响也比较大。

应收款可以根据每个月的回款额和销售额来预测，上个月月底的应收款余额+当月的销售额−本月回款额=本月末的应收款余额。财务部和销售部每个月应对账龄分析表中过期应收款的催收，开个专题会议，制订催收计划，因为过期的应收款越多，坏账的风险越大。为了减少应收款长期占压资金，应该给销售部门制定一个销售变现天数作为绩效考核指标。

长期资产里要注意固定资产和无形资产。企业有了钱，不要一味地扩充固定资产，还要重视无形资产的开发，无形资产可以提高企业的核心竞争力、创新能力和研发能力，进而提高其竞争优势。

流动负债预测应注意如下科目，应付款、预收款、应付工资、应交税金。这几个科目的对象都是企业的利益相关者，比较敏感，做预算的时候要特别注意。

资产负债表的结构要注意长期和短期的搭配，简单说就是长对长，短对短。长期资金占用对应长期资金来源，长期资产应与所有者权益和长期负债保持平衡，流动资产应和流动负债保持平衡。

理想的现金流模式应该长对长，短对短，扩张时可用一部分长期资金来源进行短期投资，不能"短贷长投"。

差异分析是预算执行与控制的重要工具，主要目的是分析评估结果，调整未来方向。

每个月财务结账之后，总经理应召开一次业务分析会，将实际与预算做一个对比，通过差异分析找出存在的问题，然后采取一些行动，改善企业的财务表现。

开月度业务分析会前，财务至少应做一份损益表差异分析和一份资产负债表差异分析。差异分析是让老板和管理团队了解实际与目标的差异有多大，按照目前的方式，到年底大概是一个什么状态。一个企业像一辆汽车，老板相当于司机，财务报表相当于汽车里面的仪表盘，显示这部车的状况。管理会计应起到仪表盘的作用，老板可以通过这个报表知道应鞭策哪些人去干什么。这样预算才能真正成为管理工具。

企业经营的目标是为了盈利，增加利润有两个渠道：一是开源，即增加收入；二是节流，即控制成本，成本控制取决于企业的内部管理。每个公司的老板都希望看到两条线，一条是收入不断增长，另一条是成本不断下降。但在现实中这两条线不太容易做到，因为如果想增加收入，就要投入更多的资源，成本和收入有时是同步增长的。

看一个公司的损益表，要看两条线，一条线是收入，收入反映了一个企业的成长性，利润反映了其当期的盈利水平。这就给企业的经营者提出了一个特别大的挑战，既要保持业务的成长性，又要实现每年的短期盈利目标。股东一般希望看到公司的业绩出现三条斜线：收入不断上涨，利润不断增加，第三条线是经营现金流。经营现金流反映了收入和利润的质量。如果一个公司收入是上升的，但是经营现金流是下降的，说明它的收入大部分是赊销，应收款太多，坏账的风险加大，说明收入的含金量不高。如果一个公司的利润不断上升，但经营现金流越来越少，说明它赚的钱都是账面利润，不是真金白银。所以经营现金流反映了收入和利润这两个指标的含金量。成本决策时应注意以下几点：

（1）单位生产成本是一个相对准确的数值。

（2）决策时要考虑机会成本。

（3）决策时要考虑会计系统所没有涵盖的信息，包括客户需求、竞争环境、自身条件、技术因素等。

（4）应谨慎使用会计数据作为企业绩效考核的指标。

如果把成本按照成本习性划分，可以分成两类：一类是固定成本，就是不随产量和销量变动的成本；另一类是变动成本，如材料和人工，生产越多，消耗越多。企业通常分为两类：低杠杆企业和高杠杆企业。

低杠杆企业有四个特点：（1）变动成本高，贡献毛益低；（2）保本点位置较低，但盈利空间小；（3）经济萧条时收入的减少对企业经营影响不大，企业抵抗不景气能力较强；（4）经济繁荣时收入增加，但企业利润的增加不是十分明显。对于这样的企业，改善经营体质主要有以下几种方式：

（1）首先应该降低变动成本，通过规模效益，设法降低原材料、运费等变动成本。

（2）调整产品结构，尽量增加一些贡献毛益高的产品或者服务项目。

（3）低杠杆企业定价影响比较大，所以在做预算的时候，经营重点应该放在价格上。

高杠杆企业也有四个特点：（1）变动成本低，贡献毛益高；（2）保本点位置较高，但盈利空间较大；（3）经济萧条时收入减少，直接影响利润，企业抵抗不景气的能力较弱；（4）经济繁荣时随着收入的增加，企业利润的增加十分明显。

这样的企业在经营时应注意：

（1）控制资产的规模。固定资产一多，固定的折旧、维修费就增加了，所以高杠杆企业要控制固定资产规模，特别要加强投资项目的管理。很多老板对员工的日常费用控制得很严，对固定资产投资却十分草率。

（2）高杠杆企业要想方设法增加收入，经营的时候重点应放在销量或者销售额上，用较高的贡献毛益将固定成本抵消掉。

（3）采取各种手段控制固定成本。

另外，固定成本与决策不相关，实际上，很多时候在决定接单与否的时候，主要看贡献毛益。只要贡献毛益是正的，企业应开足马力生产和销售。因为产品的价格不是由企业决定，而是由市场决定，所以在没有太多讨价还价余地的时候，最简单的方法就是看贡献毛益。特别是对高杠杆企业而言，一定要通过开足马力生产和销售把固定成本抵消掉。

有时候成本有一个转移效应，可能这个环节的成本降下来了，会转移到下一个环节。比如老板要求采购部把材料成本降低3%，那么采购部会通过与供应商讨价还价来完成这一目标，供应商可能勉强接受降价3%的要求，但是在供货的时候，材料的质量下降了。采购部降低3%成本的任务完成了，但是生产部加工产品的时候，加工劣质原材料需要消耗更多的工时，人工成本上升了。材料成本降了3%，人工成本上升了5%，反而不合算了。

成本管理是一个系统工程，不能一刀切。在"砍"成本之前要看这个成本属于什么性质。比如微软最大的成本是研发费用，每年会把收入的20%投入到研发中，微软要控制成本，如果把研发费用缩减一半，就会变成一个很平庸的公司，丧失了自身的核心竞争力。对于微软来说，研发费用是策略性成本，不能削减。控制成本，要削减的是非策略性成本。所以在砍成本之前，先要做一个判断，不能一刀切。

价值链的概念是美国战略学者麦克尔·波特提出来的，他认为，企业的采购、生产、物流、营销、服务等活动，都是为了给客户输送价值，这些活动构成了企业价值链。财务、人力、研发等部门的活动虽然也是为客户创造价值，但是属于间接活动。企业的业务链要顺利运行，需要很多支持功能，比如需要资金的时候找财务部，需要人员配备的时候找人力资源部，需要按照客户需求开发新产品时找研发部门。

企业的业务流程需要经常优化，因为时间是有成本的，影响企业的竞争力有两个时间：

第一个时间是新产品开发时间。从新产品开发项目立项到产品推向市场的周期，这个周期应该越短越好。因为现在产品的生命周期越来越短，更新换代越来越快，如果能够比竞争对手早一步推出新产品，迅速占领市场份额，企业后期投入的品牌维护成本也会相对较低。第二个时间就是客户需求反应时间。即从客户提出购买某项产品到产品或者服务提供给客户的周期，这个周期也是越短越好。因为不管市场需要什么，反应迅速的公司总比反应迟钝的公司有机会获得成功。

制约理论是以色列物理学家高德拉特博士发明的，他认为，如果把企业比作一个由客户订单到生产、采购等环节构成的系统，系统的产出取决于整个业务链条中最薄弱的环节，即制约因素。不管卖产品还是卖服务，整个产品实现的过程是一个动态过程，在这个过程中会经常出现一些随机的波动，使能力的平衡不断被打破，我们会发现有的环节资源负载过多，有的环节资源大量闲置，资源负载过多的地方就变成了制约因素，制约因素也就是企业的瓶颈。如何解决这个问题？高德拉特提出持续改进的五步：

第一步，找到系统中存在的制约因素；第二步，尽量挖掘制约因素的潜力，使其充分运作；第三步，让非制约因素迁就制约因素；第四步，给制约因素松绑，使第一步找出的制约因素不再成为制约因素；所以第五步是回到第一步，再找新的瓶颈，不要让惰性成为系统的约束。这是因为任何一个企业或者系统，总是存在着制约因素，旧的瓶颈去掉了，还会有新的瓶颈出现。

制约理论在企业管理当中是非常重要的一个工具，整个公司的瓶颈资源决定了企业的有效产出和收益，所以要先看一下哪些环节有排队、延误等待的现象，把非瓶颈资源的利用放到瓶颈资源之后考虑。最后要想办法提高瓶颈环节的效益和能力。

在日常工作中很多流程都可以优化，管理者有时候容易成为瓶颈，特别是财务。财务在企业里的任务是控制风险，有时候财务出于内控的需要，希望在流程当中多设置一些控制点，从内控角度来看这些控制点是必要的，但站在客户的角度，有些环节是多余的。所以流程管理是追求效率和风险之间的平衡。

优化流程不仅可以提高效率，也是企业进行成本控制的一个很好的工具。企业业务流程当中每项活动都要消耗一定的成本和资源，所以成本分析过程中我们要考虑每个活动消耗多少成本，要把成本分摊到成本发生活动当中去，使成本与价值活动相配比，而不是与会计分类相一致。ABC（Activity Based Costing）成本法原理是以活动为基础的，把有价值的活动保留，没有价值的活动减少，从源头上控制成本。

在作业成本法中，直接成本的核算与传统成本核算方法相同，直接计入产品成本；间接费用的分摊分成两步：第一步通过不同的作业活动，将间接成本归集到不同的作业中心。在一个企业中，不管是采购、生产、物流、销售，还是财务、人事、行政都属于作业活动，每个活动都要消耗一部分资源。作业中心指一系列相关作业活动的集合点，又叫成本库。比如，把各种间接费用按照不同种类，分别归入人工成本集合点、机器成本集合点、机器装备集合点、生产指令集合点、材料点收集合点、零件管理集合点、品质检验集合点和一般费用集合点等作业中心。人工成本按照工时来分摊，机器成本按照加工每一种产品的机时分摊，机器装备是按照更换模具的次数分摊，零件管理按照每一批产品使用零件的种类数分摊，品质检验按照检验所花费的时间/次数分摊。

作业成本法的操作难点在于要统计每个作业中心的费用和每个作业中心的成本动因数，建议大家不一定要改变目前的成本核算系统，但至少在给客户报价的时候，应按管理会计的思路把作业成本法当作一个管理工具来使用。

成本控制不是控制成本本身，而是要控制引起成本发生的价值活动。因为企业的价值链、业务链由一系列活动构成，这些活动或多或少应该在企业控制之下，不管生产、销售还是采购，每个活动的成本结构和活动之间的衔接方式决定着企业的成本水平和运营效率。从源头控制成本，也就是每种价值活动的成本动因，有助于找到自己的竞争优势。

从战略的角度来区分，成本可以分为策略性成本和非策略性成本。策略性成本就是能够创造客户认可的附加值，提升企业竞争力的支出。非策略性成本也是经营所必需的，但是不能控制企业价格利润的各种支出。无论生意好坏，策略性成本是不能省的，但是，当企业决定投入比竞争对手更多的策略性成本时，必须能够清晰地判断出哪些销售市场、研发费用可以真正对提升公司业绩有帮助，哪些是在浪费和烧钱。要固执地怀疑每一项非策略性成本，如果没有证据表明它必须存在，就必须设法剔除。策略性成本的成本动因是增值活动。是否属于增值活动应站在客户的角度。非策略性成本的成本动因是非增值活动，非增值活动应该尽量减少甚至去掉。

5.1.3 利润与税金

企业作为独立的经济实体，应当以自己的经营收入抵补其支出，并且实现盈利。企业盈利的大小在很大程度上反映企业生产经营的经济效益，表明企业在每一会计期间的最终经营成果。企业实现利润后，应按照企业所得税法的规定，交纳所得税，对税后利润进行分配。

5.1.3.1 利润的构成

利润是企业在一定会计期间内的经营成果。就其构成来看，既有通过生产经营活动而获得的，也有通过投资活动而获得的，还包括那些与生产经营活动无直接关系的交易或事项所引起的盈亏。企业的利润包括以下三个层次：

A 营业利润

营业利润是企业利润的主要来源，主要由主营业务利润、其他业务利润和期间费用构成。这一指标能比较恰当地代表企业管理者的经营业绩。

营业利润 = 主营业务利润 + 其他业务利润 – 营业费用 – 管理费用 – 财务费用

主营业务利润 = 主营业务收入 – 主营业务成本 – 主营业务税金及附加

其他业务利润 = 其他业务收入 – 其他业务支出

B 利润总额

利润是企业生产经营成果的综合反映，是企业会计核算的重要组成部分。其有关计算公式如下：

利润总额 = 营业利润 + 投资收益(减投资损失) + 补贴收入 +

营业外收入 – 营业外支出

C 净利润

净利润为利润总额减去当期应当负担的所得税费用后的余额。

企业应设置"本年利润"科目，核算企业本年度内实现的利润总额（或亏损总额）。期末，企业将各收益类科目的余额转入"本年利润"科目的贷方；将各成本、费用类科目的余额转入"本年利润"科目的借方。转账后，"本年利润"科目如为贷方余额，反映本年度自年初开始累计实现的净利润；如为借方余额，反映本年度自年初开始累计发生的净亏损。年度终了，应将"本年利润"科目的全部累计余额，转入"利润分配"科目，如为净利润，借记"本年利润"科目，贷记"利润分配"科目；如为净亏损，作相反会计分录。年度结账后，"本年利润"科目无余额。

5.1.3.2 所得税

会计和税收分别遵循不同的原则，服务于不同的目的。财务会计核算必须遵循一般会计原则，真实、完整地反映企业的财务状况和经营成果，为有关方面提供会计信息。税收是以课税为目的，根据有关税收法规，确定一定时期内纳税人应交纳的税额。

会计制度和税法两者的目的不同，对收益、费用、资产、负债等的确认时间和范围也不同，从而导致税前会计利润与应纳税所得之间产生差异，这一差异分为永久性差异和时间性差异两种类型，会计核算中对这些差异可以采用两种不同的方法进行处理，即应付税款法和纳税影响会计法。

A 永久性差异

永久性差异指某一会计期间，由于会计制度和税法在计算收益、费用或损失时的口径不同，所产生的税前会计利润与应纳税所得额之间的差异。这种差异在本期发生，不会在以后各期转回。例如，会计制度规定各种赞助费计入当期损益；税法上则不允许作为费用支出抵减收入，两者在赞助费支出上计算费用的口径不一致，导致会计利润与应纳税所得之间的差异，这种差异将来是无法弥补的，也就是说，不会在以后转回的，是一种永久性差异。永久性差异有以下几种类型：

（1）按会计制度规定核算时作为收益计入会计报表，在计算应纳税所得额时不确认为收益。例如，我国规定企业购买的国债利息收入不计入应纳税所得，但按照会计制度规定，仍然作为收入计入当期损益。

（2）按会计制度规定核算时不作为收益计入会计报表，在计算应纳税所得额时作为收益，需要交纳所得税。例如，企业以自己生产的产品用于自营工程，税法上规定按售价与成本的差额计入应纳税所得，但会计上则是按成本转账，不产生利润，不计入当期损益。

（3）按会计制度规定核算时确认为费用或损失计入会计报表，在计算应纳税所得额时则不允许扣减。例如，企业实际发放工资超过核定计税工资总额部分，税法不允许扣除；但会计上仍然作为成本费用，抵减收入。

（4）按会计制度规定核算时不确认为费用或损失，在计算应纳税所得额时则允许扣减。

B　时间性差异

时间性差异，是指由于税法与会计制度在确认收益、费用或损失时的时间不同而产生的税前会计利润与应纳税所得额的差异。时间性差异发生于某一会计期间，但在以后一期或若干期内能够转回。时间性差异的形成有以下四种类型：

（1）企业获得的某项收益，按照会计制度规定应当确认为当期收益，但按照税法规定需待以后期间确认为应纳税所得额，从而形成应纳税时间性差异。这时的应纳税时间性差异是指未来应增加应纳税所得额的时间性差异。如按照会计制度规定，对长期投资采用权益法核算的企业，应在期末按照被投资企业的净利润和投资比例确定投资收益；但按照税法规定，如果投资企业的所得税率大于被投资企业的所得税率，投资企业从被投资企业分得的利润要补交所得税，这部分投资收益补交的所得税需待被投资企业分得利润或被投资企业宣布分派利润时才计入应纳税所得，从而产生时间性差异。

（2）企业发生的某项费用或损失，按照会计制度规定应当确认为当期费用或损失，但按照税法规定待以后时间从应纳税所得额中扣减，从而形成可抵减时间性差异。这里的可抵减时间性差异是指未来可以从应纳税所得额中扣除的时间性差异。如产品的保修费用，按照权责发生制原则可于产品销售的当期计提，但按照税法的规定于实际发生时才能抵减应纳税所得。

（3）企业获得的某项收益，按照会计制度规定应当于以后期间确认收益，但按照税法规定需计入当期应纳税所得额，从而形成可抵减时间性差异。房地产开发企业收到预售楼花款，税法上要求交纳所得税；但会计上则是按照完工百分比法确认收入。

（4）企业发生的某项费用或损失，按照会计制度规定应当于以后期间确认为费用或损失，但按照税法规定可以从当期应纳税所得额中扣减，从而形成应纳税时间性差异。如固定资产折旧，按照税法规定可以采用加速折旧法；而会计上采用直线法，在固定资产使用初期，从应纳税所得中扣减的折旧额大于会计上计入当期损益的折旧金额，从而产生应纳税时间性差异。

C   应付税款法

应付税款法是指企业不确认时间性差异对所得税的影响金额，按照当期计算的应交所得税确认为当期所得税费用的方法。在这种方法下，当期所得税费用等于当期应交的所得税，时间性差异与永久性差异同样处理。

5.1.3.3   利润分配

企业取得的净利润，应当按规定进行分配。利润的分配过程和结果，不仅关系到所有者的合法权益是否得到保护，而且还关系到企业能否长期、稳定地发展。企业本年实现的净利润加上年初未分配利润为可供分配的利润。企业利润分配的内容和程序如下：

（1）提取法定盈余公积。法定盈余公积按照本年实现利润的一定比例提取，股份制企业（包括国有独资公司、有限责任公司和股份有限公司，下同）按公司法规定按净利润的 10% 提取；其他企业可以根据需要确定提取比例，但至少应按 10% 提取。企业提取的法定盈余公积累计额超过其注册资本的 50% 以上的可以不再提取。

（2）提取法定公益金。股份制企业按照本年实现净利润的 5%~10% 提取法定公益金；其他企业按不高于法定盈余公积的提取比例提取公益金。企业提取的法定公益金用于企业职工的福利设施。

（3）提取任意盈余公积。股份制企业提取法定盈余公积后，经过股东大会决议，可以提取任意盈余公积，其他企业也可根据需要提取任意盈余公积。任意盈余公积的提取比例由企业视情况而定。

（4）分配给投资者。企业提取法定盈余公积和法定公益金后，可以按规定向投资者分配利润。

企业如果发生亏损，可以用以后年度实现的利润弥补，也可以用以前年度提取的盈余公积弥补。企业以前年度亏损未弥补完，不能提取法定盈余公积和法定公益金。在提取法定盈余公积和法定公益金前，不得向投资者分配利润。

企业应设置"利润分配"科目，核算企业利润的分配（或亏损的弥补）和历年分配（或亏损）后的积存余额。在"利润分配"科目下分别设置以下明细科目：

1)"盈余公积转入"明细科目，核算企业用盈余公积弥补的亏损等。

2)"提取法定盈余公积"明细科目，核算企业按规定提取的法定盈余公积。

3)"提取法定公益金"明细科目，核算企业按规定提取的法定公益金。

4)"应付优先股股利"明细科目，核算企业分配给优先股股东的股利。

5)"提取任意盈余公积"明细科目，核算企业提取的任意盈余公积。

6)"应付普通股股利"明细科目，核算企业分配给普通股股东的股利。

7)"转作股本的普通股股利"明细科目，核算企业分配给普通股股东的股票股利。

8)"未分配利润"明细科目，核算企业全年实现的净利润（或净亏损）、利润分配和尚未分配利润（或尚未弥补的亏损）。年度终了，企业将全年实现的净利润（或净亏损）自"本年利润"科目转入"未分配利润"明细科目；同时，将"利润分配"科目下的其他明细科目的余额转入"未分配利润"明细科目。年度终了后，除"利润分配"科目中的"未分配利润"明细科目外，其他明细科目无余额。年度终了，"利润分配"科目中的"未分配利润"明细科目如为贷方余额，反映企业历年积存的尚未分配的利润；如为借方余额，反映企业累积尚未弥补的亏损。

5.1.4　资金的时间价值

资金时间价值是指资金在生产和流通过程中随着时间推移而产生的增值，它也可被看成是资金的使用成本。资金不会自动随时间变化而增值，只有在投资过程中才会有收益，所以这个时间价值一般用无风险的投资收益率来代替，因为理性个体不会将资金闲置不用。它随时间的变化而变化，是时间的函数，随时间的推移而发生价值的变化，变化那部分价值就是原有的资金时间价值。

5.1.4.1　资金时间价值的基本类型

资金时间价值的计算是财务管理的基础，要想掌握资金时间价值的计算方法和计算技巧，首先要学会区分资金的两种基本类型：一次性收付款项和年金，这是掌握资金时间价值计算的关键所在。实际上由于资金的两种基本类型在款项收付的方式、时间及数额上有一定的特点和规律，所以我们可以归纳出不同类型资金的时间价值计算公式，并且配有相应的系数表，这些系数表的运用大大简化了资金时间价值的实际计算过程，因此在资金时间价值的计算中关键是正确判断资金的类型，资金类型判断准确就可以快速、无误地计算出相应的时间价值。下面介绍资金的几种基本类型。

（1）一次性收付款项。一次性收付款项是指在某特定时点上一次性支付（或收取），经过一段时间后再相应地一次性收取（或支付）的款项。一次性收付款项的特点是资金的收入或付出都是一次性发生。

（2）年金。年金是指一定时期内每次等额收付的系列款项。年金的特点是资金的收入或付出不是一次性发生的，而是分次等额发生，而且每次发生的间隔期都是相等的。按照每次收付款发生的具体时点不同，又可以把年金分为普通年金、即付年金、递延年金和永续年金。其中普通年金和即付年金是年金的两种基本类型。

普通年金：是指从第一期开始，在一定时期内每期期末等额收付的系列款项，又称为后付年金。

即付年金：是指从第一期开始，在一定时期内每期期初等额收付的系列款项，又称为先付年金。

递延年金：是指从第一期以后才开始的，在一定时期内每期期末等额收付的系列款项。它是普通年金的特殊形式。凡不是从第一期开始的普通年金都是递延年金。

永续年金：是指从第一期开始，无限期每期期末等额收付的系列款项。它也是普通年金的特殊形式。

5.1.4.2　资金类型的区分

要想正确区分不同的资金类型，就必须做好以下几个方面：

（1）掌握不同资金类型的含义及特点。要想准确区分不同类型的资金关键在于掌握各种资金的含义及其特点，只有熟识不同资金的含义和特点，才能进行深入分析，才能从复杂多变的现象中发现资金本质，准确判断资金的类型。

（2）理解不同资金类型的划分标准。在掌握不同类型资金的含义和特点后，还要真正理解划分不同资金类型的标准，划分标准往往是区分不同类型资金的有效手段和现实技巧。比如先要弄清一次性款项和年金的划分标准：前者是一次性发生款项，后者则是多次等额发生款项。然后在此基础上进一步掌握不同年金的划分标准是款项发生的具体时点不同。

（3）熟练不同资金类型的相互转换。不同的资金类型之间并非完全割裂、独立的，它们往往既相互联系，又相互区别，特别是年金的两个基本类型普通年金和即付年金之间更是有着密切的关系，在实际计算即付年金的时间价值时，往往把其转换为普通年金的计算问题。因此还需要在掌握其含义、特点和划分标准基础上，熟练不同资金类型的相互转换，这是对其含义、特点和划分标准灵活运用的具体体现。

（4）学会运用资金时间价值示例图。正如在前面描述的资金时间价值示例图一样，学会运用资金时间价值示例图可以形象、生动、非常直观地区分不同的资金类型。

5.1.4.3 资金时间价值产生的前提和原因

资金时间价值问题存在于日常生活中的每一个角落，人们经常会遇到这类问题，是花 30 万买一幢现房值呢，还是花 27 万买一年以后才能住进的期房值呢？若想买一辆汽车，是花 20 万现金一次性购买值呢，还是每月支付 6000 元，共付 4 年更合算呢？所有这些都告诉人们一个简单的道理，也就是金融的两大基本原理之一：资金是具有时间价值的。

资金的时间价值具体来说，就是资金所有者同货币使用者分离，在资本主义条件下表现为资本分化为借贷资本和经营。资本资金的时间价值是货币资金在价值运用中形成的一种客观属性，只要有商品经济存在，只要有借贷关系存在，它必然发生作用。因此，在社会主义资金的运动中也必然客观地存在着这种时间价值。在自然经济条件下，不可能产生资金的时间价值的观念。人们生产粮食、棉花或其他产品，为的是满足自己的需要，即不考虑价值的增值，更不会考虑是否要尽快出售，加速实现其价值的问题。受这种自然经济思想的影响，即使在商品经济开始出现的封建社会，富有者还是愿意把金银财宝埋入地下，而不是去考虑如何运用它生息、生利。

经济和社会的发展要消耗社会资源，现有的社会资源构成现存社会财富，利用这些社会资源创造出来的将来物质和文化产品构成了将来的社会财富，由于社会资源具有稀缺性特征，又能够带来更多社会产品，所以现在物品的效用要高于未来物品的效用。在货币经济条件下，货币是商品的价值体现，现在的货币用于支配现在的商品，将来的货币用于支配将来的商品，所以现在货币的价值自然高于未来货币的价值。市场利息率是对平均经济增长和社会资源稀缺性的反映，也是衡量货币时间价值的标准。

在目前的信用货币制度下，流通的货币是由中央银行基础货币和商业银行体系派生存款共同构成，由于信用货币有增加的趋势，所以货币贬值、通货膨胀成为一种普遍现象，现有货币也总是在价值上高于未来货币。市场利息率是可贷资金状况和通货膨胀水平的反映，反映了货币价值随时间的推移而降低的程度。

由于人在认识上的局限性，人们总是对现存事物的感知能力较强，而对未来事物的认识较模糊，结果人们存在一种普遍的心理就是比较重视现在而忽视未来，现在的资金能够支配现在商品满足人们现实需要，而将来资金只能支配将来商品满足人们将来不确定需要，所以现在单位货币价值要高于未来单位货币的价值，为使人们放弃现在货币及其价值，必须付出一定代价，利息率便是这一代价。

5.1.4.4　资金时间价值计算方法

现实生活中，如果我们要达到复利计息的目的，让钱"生出"更多的钱，可以将资金存入一年后连本带息取出，然后作为下一年存款本金，存入一年后又连本带息取出，再作为下一年存款本金，以此往复进行，如果计息周期由一年缩短到半年或季度，则差异更明显。虽然复利计息法同单利计息法相比较，计算过程更复杂、计算难度更大。但它不仅考虑了初始资金的时间价值，而且考虑了由初始资金产生的时间价值的时间价值，能更好地诠释资金的时间价值，因此财务管理中资金时间价值的计算一般都用复利计息法进行计算。

A　单利终值与现值

单利是指只对借贷的原始金额或本金支付（收取）的利息。我国银行一般是按照单利计算利息的。

在单利计算中，设定以下符号：P—本金（现值）；i—利率；I—利息；F—本利和（终值）；t—时间。

单利终值是本金与未来利息之和。其计算公式为

$$F = P + I = P + P \times i \times t = P(1 + i \times t)$$

单利现值是资金现在的价值。单利现值的计算就是确定未来终值的现在价值。例如公司商业票据的贴现。商业票据贴现时，银行按一定利率从票据的到期值中扣除自借款日至票据到期日的应计利息，将余款支付给持票人。贴现时使用的利率称为贴现率，计算出的利息称为贴现息，扣除贴现息后的余额称为贴现值即现值。单利现值的计算公式为

$$P = F - I = F - F \times i \times t = F \times (1 - i \times t)$$

B　复利终值与现值

复利，就是不仅本金要计算利息，本金所生的利息在下期也要加入本金一起计算利息，即通常所说的"利滚利"。在复利的计算中，设定以下符号：F—复利终值；i—利率；P—复利现值；n—期数。

复利终值是指一定数量的本金在一定的利率下按照复利的方法计算出的若干时期以后的本金和利息。n 年后复利终值的计算公式为

$$F = P \times (1 + i)^n$$

复利终值公式中，$(1 + i)^n$ 称为复利终值系数，用符号 $(F/P, i, n)$ 表示。例如 $(F/P, 8\%, 5)$，表示利率为 8%、5 期的复利终值系数。

复利终值系数可以通过查"复利终值系数表"获得。通过复利系数表，还可以在已知 F、i 的情况下查出 n；或在已知 F、n 的情况下查出 i。

复利现值是指未来一定时间的特定资金按复利计算的现在价值，即为取得未来一定本利和现在所需要的本金。复利现值的计算公式为

$$P = \frac{F}{(1 + i)^n} = F(1 + i)^{-n}$$

式中，$(1 + i)^{-n}$ 称为复利现值系数，用符号 $(P/F, i, n)$ 表示。例如 $(P/F, 5\%, 4)$，表示利率为 5%，4 期的复利现值系数。

与复利终值系数表相似，通过现值系数表在已知 i，n 的情况下查出 P；或在已知 P，i 的情况下查出 n；或在已知 P，n 的情况下查出 i。

年金是指一定时期内一系列相等金额的收付款项。如分期付款赊购、分期偿还贷款、发放养老金、支付租金、提取折旧等都属于年金收付形式。按收付的次数和支付的时间划分，年金可以分为普通年金、先付年金、递延年金和永续年金。

在年金的计算中，设定以下符号：A—每年收付的金额；i—利率；F—年金终值；P—年金现值；n—期数。

普通年金是指每期期末有等额的收付款项的年金，又称后付年金。普通年金终值是指一定时期内每期期末等额收付款项的复利终值之和。根据复利终值的方法计算年金终值 F 的公式为

$$F = A + A(1 + i) + A(1 + i)^2 + \cdots + A(1 + i)^{n-1}$$

$$F = A \frac{(1 + i)^n - 1}{i}$$

式中，$\dfrac{(1 + i)^n - 1}{i}$ 通常称为"年金终值系数"，用符号 $(F/A, i, n)$ 表示。

普通年金现值是指一定时期内每期期末收付款项的复利现值之和。根据复利现值的方法计算年金现值 P 的计算公式为

$$P = A \frac{1}{(1 + i)} + A \frac{1}{(1 + i)^2} + \cdots + A \frac{1}{(1 + i)^{n-1}} + A \frac{1}{(1 + i)^n}$$

$$P = A \frac{1 - (1 + i)^{-n}}{i}$$

式中，$\dfrac{1 - (1 + i)^{-n}}{i}$ 通常称为"年金现值系数"，用符号 $(P/A, i, n)$ 表示。年金现值系数可以通过查"年金现值系数表"获得。该表的第一行是利率 i，第一列是计息期数 n。相应的年金现值系数在其纵横交叉之处。

先付年金是指每期期初有等额的收付款项的年金，又称预付年金。先付年金终值是指一定时期内每期期初等额收付款项的复利终值之和。先付年金与普通年金的付款期数相同，但由于其付款时间的不同，先付年金终值比普通年金终值多

计算一期利息。因此，可在普通年金终值的基础上乘上（1+i）就是先付年金的终值。先付年金的终值 F 的计算公式为

$$F = A \frac{(1+i)^n - 1}{i}(1+i)$$

$$= A \frac{(1+i)^{n+1} - (1+i)}{i}$$

$$= A \left[\frac{(1+i)^{n+1} - 1}{i} - 1 \right]$$

式中，$\frac{(1+i)^{n+1} - 1}{i} - 1$ 常称为"先付年金终值系数"，它是在普通年金终值系数的基础上，期数加 1，系数减 1 求得的，可表示为 $[(F/A, i, n+1) - 1]$，可通过查"普通年金终值系数表"，得（$n+1$）期的值，然后减去 1 可得对应的先付年金终值系数的值。

先付年金现值是指一定时期内每期期初收付款项的复利现值之和。先付年金与普通年金的付款期数相同，但由于其付款时间的不同，先付年金现值比普通年金现值少折算一期利息。因此，可在普通年金现值的基础上乘上（1+i）就是先付年金的现值。先付年金的现值 P 的计算公式为

$$P = A \frac{1 - (1+i)^{-n}}{i}(1+i)$$

$$= A \left[\frac{(1+i) - (1+i)^{-(n-1)}}{i} \right]$$

$$= A \left[\frac{1 - (1+i)^{-(n-1)}}{i} + 1 \right]$$

式中，$\left[\frac{1 - (1+i)^{-(n-1)}}{i} + 1 \right]$ 通常称为"先付年金现值系数"，先付年金现值系数是在普通年金现值系数的基础上，期数减 1，系数加 1 求得的，可表示为 $[(P/A, i, n-1) + 1]$，可通过查"年金先现值系数表"，得（$n-1$）期的值，然后加上 1 可得对应的先付年金现值系数的值。

5.1.4.5　资金时间价值的应用

在企业的各项经营活动中，也应适当考虑到货币时间价值。一个企业在发展一定时间后，肯定会赚得比原始投资要多的资金。闲置的资金不会增值，而且还可能随着通货膨胀而贬值。如何正确地使用除去企业正常运行所用的流动资金外

的剩余资金，最好的方法就是选择项目进行投资，而长期投资的资金投入量大，资金回收时间长，只有认真的考虑货币的时间价值才能把投资效果的分析评价建立在科学的、可比的基础上。因为同样数量的资金由于使用、周转、投放和收回的时间不同，资金的价值也不同。比如计划投资一个技术改造项目，马上投资当年可获利 100 万元；3 年后投资，当年可获利 140 万元，如果社会平均资金利润率是 15%，那么应选择马上投资还是 3 年后投资呢？如果不考虑货币的时间价值直接用获利额比较，当然应选在 3 年后投资，可获利 140 万元。如果要考虑货币的时间价值，100 万元与 140 万元就不能直接相比较，而应该把它们换算到同一时点后再相比。假如换算到决策当年，那么 140 万元获利额在决策当年的价值为：140 $(S/P, 15\%, 3) = 140 \times 0.6575 = 92.05$ 万元，小于 100 万元，应该选择马上投资；从另一角度看，如果把马上投资所获得的 100 万元又用于再投资，按 15% 的利润率换算，3 年后的价值为：100$(P/S, 15\%, 3) = 100 \times 1.5209 = 152.09$ 万元，比 3 年后投资多获利 12.09 万元，也应选马上投资。由于货币时间价值是客观存在的，对于类似的长期投资问题应该考虑货币时间价值因素，选择企业获利现值最大的方案。

5.1.4.6 资金时间价值下的企业风险

资金决策者对投资收益的未来估计作为预期收益，有一定的不确定性。实际投资收益有可能偏离预期投资收益，即有可能高于或者低于投资收益。当实际投资收益低于预期投资收益，甚至为负数时，而投资者对投资收益率预期很高，并投入了大量的资金，这便形成了资金风险损失。

在投资活动实施过程中，具有一定的周期性，当投资决策者没有预先考虑到在实施周期中资金外部环境的变化时，便会引起巨大的投资风险。如人民币在国际上大幅度增值，而国内通货膨胀很高的情况下，将直接影响进出口企业的经营。对国外消费者来说，其进口成本增加，有可能直接减少对该产品的进口。对国内进出口企业来说，经营成本增加，营业额反而减少，引起企业经营的恶化，甚至破产。另外投资活动还具有一定的时滞性，例如当企业已经察觉到投资风险时，资金已经投资不可逆转，这也形成了投资风险。

资金投资风险不仅表现在对预期投资收益的不确定性上，还表现在对该投资项目所欲投资量预测不准，即投资项目所需试剂投资远远超过预期资金投资量。这会引起两种错误的投资预期，一方面，对资金投资过低估计，夸大投资的预期效益，势必会误导资金决策者在项目上的错误决策；另一方面，对资金量预估较低，引起项目上资金短缺，严重的可能导致项目延期或者中止，这又会引起各种费用和成本的增加，造成恶性连锁反应。

5.2　能源工程管理经济评价方法

5.2.1　经济评价的基本原则

资金是有限的，为了节省并有效地使用投资，必须讲求经济效益。在做出投资决策之前，需要进行可行性研究，并对投资项目的经济效益进行计算和分析。当可供选择的方案多余一个时，还要对各个方案的经济效益进行比较和优选。这种分析论证过程就称为经济评价。

可以说，项目经济评价是运用工程经济学理论与方法，对各种投资建设项目、技术方案、措施、政策等的经济效益进行分析、计算、评价和比较，选择技术上先进、经济上合理、实践上可行、社会上相容的最优方案的过程。

项目经济评价对项目的投资与否有着十分重要的参考意见，通过对项目的经济评价研究，可以使企业对未来的投资活动有正确的把握，减少在项目决策过程中的主观和盲目性，提高投资效益、降低项目投资风险、优化资源配置，从而为企业的投资决策和资本运作提供科学的依据。

5.2.1.1　经济评价的判据

A　投资回收期法

投资回收期法是以投资方案的投资回收期为依据进行投资方案评价的方法。投资回收期是指项目或者方案投产以后，用每年所获得的净收益回收项目或者方案的全部投资所需要的时间，它是反映项目或方案财务上偿还总投资的能力和资金周转速度的综合指标。投资回收期根据其计算是否考虑资金时间价值而分成了静态投资回收期和动态投资回收期。相应地，投资回收期法也分成静态投资回收期法和动态投资回收期法。

a　静态投资回收期法

静态投资回收期是在不考虑资金的时间价值条件下，考察项目的投资回收能力，它从回收投资的速度反映项目的经济效益。计算公式为

$$\sum_{t=0}^{P_t} (CI - CO)_t = 0$$

式中　CI——现金流入量；

$\qquad CO$——现金流出量；

$(CI-CO)_t$——第 t 年的净现金流量；

$\qquad P_t$——静态投资回收期（年），反映回收项目全部投资需要的时间。

静态投资回收期法简单直观，但是未考虑资金时间价值，未考虑各方案经济

寿命和投资回收期后的收益，未考虑各方案整个计算期内现金流量发生的时间及变化情况。

　　b　动态投资回收期法

　　动态投资回收期是指在考虑资金时间价值的条件下，按设定的行业基准收益率收回投资所需的时间。计算公式为

$$\sum_{t=0}^{P_t'} (CI - CO)_t (1 + i_c)^{-t} = 0$$

式中　P_t'——动态投资回收期；

　　　i_c——行业基准收益率。

　　B　净现值

　　净现值（Net Present Value，NPV）是指按一定的折现率（如行业的基准收益率），将方案寿命期内各年的净现金流量折现到计算基准年（通常是期初）的现值之和。NPV 投资评价法的原理简单而又重要，因为只有当投资项目的产出大于或至少等于其投入时，该投资才是值得的。

　　按西方公司投资项目评价理论，财务评价应以边际资本成本作为基准收益率（或折现率）。边际资本成本，即项目追加的资本加权平均成本，以利率形式表示，通常由借款利率和股票成本所构成，而股票成本等于股票投资者的资本机会成本、通货膨胀率及风险补偿率之和。股票成本是形成股票价格（即股东认购股票的愿付代价）的基础，也是他们对股票的预期收益率或报酬率。NPV 的计算方法为

$$NPV = \sum_{t=0}^{n} (CI - CO)_t (1 + i_c)^{-t}$$

　　若 NPV = 0，方案刚好达到规定的基准收益率水平；若 NPV > 0，表示方案除了能达到规定的基准收益率水平以外，还能得到超额收益；若 NPV < 0，表示方法达不到规定的基准收益率水平。

　　C　投资收益率法

　　投资收益率法是项目经济分析与评价中最常用的分析方法之一，根据其是否考虑资金的时间价值，投资收益率法可分为静态的投资收益率法和动态的投资收益率法两种，其中动态投资收益率法又包括内部收益率法和外部收益率法。由于资金时间价值总是客观存在的，因此在实际工作中，进行项目经济分析与评价主要采用动态分析方法。

　　内部收益率法（Internal Rate of Return，简称 IRR）。项目的内部收益率就是净现值 NPV 为零时的收益率。IRR 计算公式为

$$\sum_{t=0}^{n} (CI - CO)_t (1 + IRR)^{-t} = 0$$

5.2.1.2　经济评价存在的问题

通常采用 NPV 评价方案，但 IRR 比较直观，它表示了项目所能承担的最大贷款利率。另外，也较难确定 NPV 法中的合适的折现率。因此，NPV 与 IRR 的结合使用有助于全面评价投资项目的经济效益，然而对于互斥方案，NPV 与 IRR 评价的结论常不一致，原因是由于 IRR 不能对"差额现金流"（Differential Cash Flow）做出正确的反应，所谓差额现金流是指互斥方案（Mutually Exclusive Proposals）现金流的差。差额现金流的出现可能是由于投资费用的差别，也可能是由于投资回收速度的快慢，或者两者兼而有之。

一般地说，当 NPV 与 IRR 发生分歧时，NPV 总是值得考虑的。这是因为 NPV 是绝对数，它能自动地评价互斥方案的差额现金流问题。

经济评价法对于项目投资来说，具有决定性的作用，能够帮助决策者充分了解掌握项目投资的风险与利润，能够把握到项目投资的支出与回收、利润变化，是进行项目投资方案必需的重要步骤。学会如何进行经济评价，如何合理地利用各种评价方法的优点，并且规避各评价方法的缺点，是进行项目投资必须掌握的技能。

5.2.2　不确定性分析及风险决策

5.2.2.1　不确定性分析

作为投资决策依据的技术经济分析是建立在分析人员对未来事件所做的预测与判断基础之上的。由于影响各种方案经济效果的政治经济形势、资源条件、技术发展情况等因素未来的变化带有不确定性，加上预测方法和工作条件的局限性，对方案经济效果评价中使用的投资、成本、产量、价格等基础数据的估算与预测结果不可避免地会有误差。这使得方案经济效果的实际值可能偏离其预期值，从而给投资者和经营者带来风险。例如，投资超支，建设工期拖长，生产能力达不到设计要求，原材料价格上涨，劳务费用增加，产品售价波动，市场需求量变化，贷款利率及外币汇率变动等都可能使一个投资项目达不到预期的经济效果，甚至发生亏损。不确定性分析是研究项目中各种因素的变化和波动对其经济效益影响的方法。风险和不确定性主要包括以下内容：

确定性（Certainty）：已知最终状态，如国库券利息。

风险性（Risk）：不知道最终的状态，知道概率。企业债券，风险与利润的关系。

不确定性（Uncertainty）：既不知道状态，也不知道概率。

技术经济分析中的不确定性通常指被评价项目（方案）的预测效果与将来

实施后的实际效果的差异。

　　进行不确定性分析有助于投资决策者对工程项目各因素的影响趋势和影响程度有一个定量的估计，使得项目的实施对关键因素和重要因素予以充分的考虑和控制，以保证项目真正取得预期的经济效益。进行不确定性分析更有助于投资决策者对工程项目的不同方案做出正确的选择，而不会只注重各方案对项目因素正常估计后求得的效果，其选择是既要比较各方案的正常效果，还要比较各方案在项目因素发生变化和波动后的效果，然后再从中选出最佳方案。不仅比较方案的经济性，还需要研究其风险性。

5.2.2.2　经济评价中不确定性分析的常用方法

　　不确定性分析方法按分析因素对经济效益指标的影响趋势、分析因素在不同估计值的情况下对经济效益指标的影响程度、分析因素在出现变化的各种可能情况下对经济效益指标的综合影响等，可归纳为三种具体方法。

　　(1) 盈亏平衡分析方法。适应于企业财务评价，运用产量-成本-利润的关系和盈亏平衡点，来分析项目财务上的经营安全性。

　　(2) 敏感性分析。适应于国民经济评价和企业财务评价。通过分析，找出影响经济效益的最敏感因素和数据，以便加以控制的方法。

　　(3) 概率分析。适应于国民经济评价和企业财务评价。通过分析，获得经济效益目标（有关指标）实现的可能性（概率）的方法，如实现 NPV 的概率有多大、项目 IRR 的概率分布如何等。经济评价有关文件要求"有条件时，应进行概率分析"。

5.2.2.3　灵敏度分析/敏感性分析

　　项目方案的经济性总是受到各种不确定因素的影响，如产品产量、产品价格、固定成本、可变成本、总投资、主要原材料及燃料、动力价格、项目建设工期等。不同因素对项目的影响程度是不同的。所谓敏感性分析，就是要找出对项目的技术经济指标影响程度较大的因素，并对其变化时对项目技术经济性能的影响进行评估和分析，以减小不利影响，避免风险。常用的评价指标包括净年值、净现值、内部收益率、投资回收期等。

　　A　灵敏度分析的一般步骤与内容

　　选择不确定因素，确定其可能的变动范围，主要内容如下：

　　(1) 在可能的变动范围内，预计该因素的变化将较强烈地影响方案的经济效益指标。

　　(2) 在确定性经济分析中，对该因素及数据的准确性把握不大。

　　对于化工项目，可用于灵敏度分析的因素通常有投资额、项目建设期限、产品产量或销售量、产品价格、经营成本、项目寿命期限、折现率等。在选择需要分析的不确定性因素过程中，应根据实际情况确定这些因素的变动范围，合理预测。

灵敏度分析所用的指标应与确定性分析一致。常用的评价指标包括净年值、净现值、内部收益率、投资回收期等。

B　计算不确定因素对指标的影响

分析因素-指标的关系，常表示为图形、表格或函数关系。找出敏感性因素，估计其对指标的影响情况（有利/不利？大小？），在此基础上（1）对方案的可能风险大小作出判断；（2）预先提出一些减小不利影响的措施。

要分析的因素均以确定性经济分析中所采用的数值为基数，且各因素每次变动的幅度相同，从而比较在相同的变动幅度条件下，技术经济指标的变化程度，那些对指标影响较大的因素即为敏感性因素。

a　绝对衡量法

基本做法：设定各个因素都向对方案不利的方向变化，并取其有可能出现的对方案最不利的数值，据此计算方案的技术经济指标，看在这样的条件下方案是否可接受。

如果某一因素可能出现的最不利数据值可使方案变得不能接受，表明该因素是方案的敏感性因素。判别方案能否接受取决于其技术经济指标是否达到临界值，例如净现值是否小于零，或内部收益率是否小于基准折现率。

运用绝对衡量法，也可以先设定拟考察的经济效益指标为其临界值。例如令净现值等于零，计算在此条件下各因素的最大允许变动范围，并与其可能的最大变动范围进行比较。若某因素可能出现的最大变动范围超出最大允许变动幅度，则表示该方案是敏感性因素。

b　单因素灵敏度分析

保持其他因素数值不变，一次仅改变一个因素的大小，考察其对经济效益指标的影响程度。若有多个待考察因素，则依次进行考察。

c　多因素灵敏度分析

考虑因素之间的相关性，其更准确。常用的有双因素灵敏度分析和三因素灵敏度分析。

d　双因素灵敏度分析

仅考虑两个因素变化对项目技术经济指标的影响，其他因素保持不变。单因素获得曲线，双因素获得曲面。

5.2.2.4　风险决策

概率分析给出了方案经济效益指标的期望值和标准差，以及经济效益指标的实际值发生在某一区间的可能性。而风险决策则着眼于风险条件下方案取舍的基本原则和多方案比较的方法。风险决策的原则通常有如下几种：

（1）优势原则。在两个可选方案中，如果无论什么条件下方案 A 总是优于方案 B，则称 A 为优势方案，B 为劣势方案，应予以排除。应用优势原则一般不能决定最佳方案，但可以减少可选方案的数量，缩小决策范围。

（2）期望值原则。如果选用的经济指标为收益指标，则应选择期望值大的方案；如果选用的是成本费用指标，则应选择期望值小的方案。

（3）最小方差原则。方差反映了实际发生的方案可能偏离其期望值的程度。在同等条件下，方差越小，意味着项目的风险越小，稳定性和可靠性越高，应优先选择。

根据期望值和最小方差选择的结果往往会出现矛盾。在这种情况下，方案的最终选择与决策者有关。风险承受能力较强的决策者倾向于做出乐观的选择（根据期望值），而风险承受能力较弱的决策者倾向于更安全的方案（根据方差）。

（4）最大可能原则。若某一状态发生的概率显著大于其他状态则可根据该状态下各方案的技术经济指标进行决策，而不考虑其他状态。注意：只有当某一状态发生的概率大大高于其他状态，且各方案在不同状态下的损益值差别不很大时方可应用。

（5）满意原则。对于复杂的风险决策，往往难以找出最佳方案，因此可采用满意原则。即制定一个足够满意的目标值，将各种可选方案在不同状态下的损益值与此目标值相比较。损益值优于或等于次目标值的概率最大的方案为应选择的方案。

习　题

5-1　某厂拟向两个银行贷款以扩大生产，甲银行年利率为 16%，每年计息一次。乙银行年利率为 15%，但每月计息一次。试比较哪家银行贷款条件优惠些。

6 工业节能技术

6.1 能源资源概述

世界能源委员会1979给出的定义，节能（Energy Conservative）是："采用技术上可行、经济上合理、环境和社会可接受的一切措施，来提高能源资源的利用效率"。也就是说，节能的宗旨是降低能源的强度（即单位产值的能耗）。

20世纪90年代，国际上又通行用"能源效率"（Energy Efficiecy）的概念代替70年代提出的节能（Energy Conservative）概念。同时，在1995年世界能源委员会也给"能源效率"进行了定义："减少提供同等能源服务的能源投入"。

而能源服务的含义：能源的使用并不是它们自身的终结，而是为满足人们的需要提供服务的一种投入。因此，能源利用水平应是以提供的服务来衡量，而不是用消耗能源的多少来表示。

通过对以上概念的了解，可以认识到节能是通过可以忍受的一些措施，包括适当降低能源服务质量应对能源危机，是一种危机状况下的战术手段。而提高能效测试通过技术进步在不影响服务质量的条件下来提高能源效率，以增加效益。这一点是一项长期的战略。它包含了5层意思：

第一，加强用能管理。加强用能管理是指国家通过制定能源法律、政策和标准体系，实施必要的管理行为和节能措施；用能单位注重提高节能管理水平，运用现代化的管理方法，减少能源利用过程中的各项损失和浪费。加强管理是提高用能的重要途径。20世纪80年代以前，我国工业企业普遍存在着能源管理无制度、使用无计量、消耗无定额的现象，被人们形象地称为"电糊涂""煤糊涂""油糊涂"等。我国的节能工作就是从抓管理开始的，管理对于节能有着十分突出的重要地位。这也是《节能法》在节能定义中把管理放在突出位置的原因所在。

第二，技术上可行。技术上可行是指符合现代科学原理和先进工艺制造水平。技术上可行应该讲是实现节能的前提。技术上不可行的想法不能节约能源，甚至还会造成能源浪费，造成经济上的损失，严重的还可能造成安全事故等。例如："水变油"不仅被称为中国的第五大发明，而且被有些人称为解决中国能源问题的根本出路，因为我们有取之不尽的海水资源。但是这项"发明"由于在技术上的不可行使其走进了死胡同。

第三，经济上合理。经济上合理是指经过技术经济论证，投入和产出的比例合理，通俗的讲就是节能要节钱。有一些节能措施具有明显的节能效果，但是没有经济效益，也就是节能不节钱，甚至节能费钱。例如：在一部分案例里面可以看到，在利益的驱使下，有些单位和所谓的节能公司由于不够专业，在操作过程中夸大产品的实际效果，甚至在不节能的情况下弄虚作假，进行一种概念的炒作，不惜损害用户的利益来达到自己盈利的目的。造成用户在做节能时害怕投入，不敢去实施节能改造。这种情况极大地影响了用户对节能的积极性。

第四，环境和社会可以接受。环境和在会可以接受是指符合环境保护要求。节能措施要安全实用、操作方便、价格合理、质量可靠，并符合人们的生活习惯。如果某节能措施在安全、质量等方面不符合环保要求，或者不符合人们的生活习惯，即使经济上合理，也不能作为法律意义上的节能措施加以推广，夏时制是一项非常有效的节能措施，实行夏时制可以充分利用太阳光照，节约照明用电，现在好多国家特别是西方发达国家都在实行。而在我国就没有推广，主要原因是不符合我国的生活习惯。

第五，从能源生产到消费各个环节更加有效、合理地利用能源。能源生产到消费各个环节是指对生产、加工、转换、输送、供应、储存，一直到终端使用等所有过程。在所有的环节中，都要对能源的使用做到综合评价、合理布局、按质用能、综合利用，对于终端用能设备做到高效率并符合环保要求、经济效益好。

节能的根本，是强调更加有效合理地利用能源，进一步说就是通过能源让人类自己生活得更加便利、便捷、舒适、美好。省着电钱买眼睛在什么情况下都是不可取的，封车节油可以作为应付石油短缺的应急措施，但不是节油措施，就像节约粮食一样。只有真正理解了节能的含义，才能准确地把握节能的方向和重点。

用能单位能效对标工作的实施内容总体可概括为：确定一个目标、建立两个数据库、建设三个体系。

（1）确定一个目标，即用能单位能效对标活动的开展要紧紧围绕用能单位节能目标，全面开展能效对标工作，将用能单位"十一五"节能目标落实到企业各项能源管理工作中。

（2）建立两个数据库，即建立指标数据库和最佳节能实践库。

（3）建设三个体系，一是建设能效对标指标体系，二是建立能效对标评价体系，三是建立能效对标管理控制体系。

6.1.1 能源计量仪器仪表及计量方法

能源计量仪器仪表是提供能源量值信息的工具，主要包括流量、重量、电能、热量计量检测等仪表以及燃烧过程分析仪器和具有明显节能效益的自动控制系统。目前主要的计量单位如下：

（1）焦耳和卡。焦耳是热、功、能的国际制单位。我国已规定热、功、能的单位为焦耳。焦耳的定义为：1牛顿的力（1牛顿=1千克·米/秒）作用于质点，使其沿力的方向移动1米距离所做的功称为1焦耳。在电学上，1安培电流在1欧姆电阻上，在1秒钟内所消耗的电能称为1焦耳。

卡是应淘汰的热单位。卡的定义是：1克纯水在标准气压下把温度升高1摄氏度所需要的热量称为1卡。热量的常用单位为20℃卡，简称卡，某些西欧国家采用15℃卡，我国采用的是20℃卡。在我国的现行热量单位中，卡暂时可以和焦耳并用。

我国目前有20℃卡，国际蒸气表卡，热化学卡。20℃卡是指在标准气压下，1克纯水温度从19.5℃升高至20.5℃所需要的热量。国际蒸汽表卡是指15℃卡，概念同20℃卡，由于它是在1956年伦敦第五届国际蒸汽大会上确定的，所以叫国际蒸汽表卡。热化学卡是人为规定的卡。热量单位卡与功（能量单位焦耳）之间的当量关系是由物理实验来确定的。目前，统计上规定的卡与焦耳的换算，是按照国家标准GB 2589—81附录第一条确定的，即燃料发热量所用卡系指20℃卡。

（2）燃料热值。燃料热值也叫燃料发热量，是指单位质量（指固体或液体）或单位的体积（指气体）的燃料完全燃烧，燃烧产物冷却到燃烧前的温度（一般为环境温度）所释放出来的热量。

固体或液体发热量的单位是：千卡/千克或千焦耳/千克。气体燃料的发热量单位（标准状态）是：千卡/立方米或千焦耳/立方米。

燃料热值有高位热值与低位热值两种。高位热值是指燃料在完全燃烧时释放出来的全部热量，即在燃烧生成物中的水蒸气凝结成水时的发热量，也称毛热。低位热值是指燃料完全燃烧，其燃烧产物中的水蒸气以气态存在时的发热量，也称净热。我国、前苏联、德国和经济合作与发展组织是按低位热值换算的，有的国家两种热值都采用。煤和石油高低位热差约5%，天然气和煤气接近10%左右。

（3）标准煤。标准煤亦称煤当量，具有统一的热值标准。我国规定每千克标准煤的热值为7000千卡。将不同品种、不同含量的能源按各自不同的热值换算成每千克热值为7000千卡的标准煤。

$$能源折标准煤系数 = \frac{某种能源实际热值(千卡／千克)}{7000(千卡／千克)}$$

在各种能源折算标准煤之前，首先直接测算各种能源的实际平均热值，再折算标准煤。平均热值也称平均发热量，是指不同种类的能源实测发热量的加权平均值，计算公式为

$$平均热值(千卡／千克) = \frac{\Sigma(某种能源实测低发热量) \times 该能源数量}{能源总量(吨)}$$

（4）当量热值。当量热值又称理论热值（或实际发热值）是指某种能源一个度量单位本身所含热量。当量热值是能源统计中经常使用的一个热值概念，其热值的计算可根据试样在充氧的弹筒中（放有浸没氧弹的水的容器）完全燃烧放出的热量（用燃烧后水温升高计算出来的）进行实测。

（5）等价热值。等价热值也是能源统计经常使用的一个热值概念，是指加工转换产出的某种二次能源与相应投入的一次能源的当量，即获得一个度量单位的某种二次能源所消耗的，以热值表示的一次能源量，也就是消耗一个度量单位的某种二次能源，就等价于消耗了以热值表示的一次能源量。因此，等价热值是个变动值，随着能源加工转换工艺的提高和能源管理工作的加强，转换损失逐渐减少，等价热值会不断降低。等价热值是对二次能源及消耗工质而言，因一次能源不存在折算问题，因此也无所谓等价热值。

$$等价热值 = \frac{二次能源具有的能量}{转换效率}$$

（6）节能量计算基础指标。节能量是一个相对比较的量，需要在一些基础指标计算的前提下，通过对比得出节能量。目前用来计算能源节约量的基础指标主要有三个：

1）单位产值综合能源消费量。如观察全国、各地区节能总水平时采用的单位国内生产总值综合能源消费量，观察工业节能水平时采用的单位工业产值（或增加值）工业综合能源消费量等。

2）单位产品产量（工作量）综合能源消费量。它是观察生产某一种产品产量（工作量）所消耗的各种能源的总和的节约水平时采用的指标，如吨钢综合能耗。

3）单位产品产量（工作量）单项能源消费量。它是观察生产某一种产品产量（工作量）所消耗的某一种能源的节约水平时采用的指标，如每吨原煤耗电、每吨生铁耗焦炭等。

为了全面反映能源消费和节约的总水平，应在单位产值综合能源消费量的基础上，计算总节能量和节能率。用单位产品产量综合能耗和单位产品产量单项能耗计算的节能作为分析总节能量的补充。节能量的计算公式为

$$节能量 = \left(\frac{基期能源消费量}{基期产值} - \frac{报告期能源消费量}{报告期产值}\right) \times 报告期产值$$

$$节能量 = (基期单位产值能耗 - 报告期单位产值能耗) \times 报告期产值$$

6.1.2 企业节能量

企业节能量是指在一定时期内，通过加强生产经营管理，提高生产技术水平、调整生产结构、进行节能技术改造等措施，所节约的能源数量。它综合反映

企业直接节能和间接节能的总成果，是考核企业节能工作的重要指标。企业节能量可分别按各节能因素计算。

(1) 综合节能量，是根据单位产值综合能耗计算的节能量。计算公式为

综合节能量 = (基期单位产值综合能耗 − 报告期单位产值综合消耗) × 报告期工业总产值

综合节能量是反映企业直接节能和间接节能总成果的指标。

(2) 直接节能量，是根据单位产品综合能耗计算的节能量。计算公式为

直接节能量 = $\sum$ [(基期某种产品单位产量综合能耗 − 报告期某种产品单位产量综合能耗) × 报告期该种产品产量]

生产多种产品的企业计算节能量时，报告期与基期的产品品种必须一致。若品种不一致时，企业可根据有关资料折算为可比产品进行计算。

(3) 技术措施节能量，是指企业在生产同样数量和质量的产品或提供同样的工作量的条件下，采用某项节能技术措施后所减少的能源消费量。它是评价技术描述项目节能效果的指标。计算公式为

$$技术措施节能量 = \left(\frac{采取技术措施前能源消费量}{采取技术措施前生产(提供)的产品产量(工作量)} - \frac{采取技术措施后的能源消费量}{采取技术措施后生产(提供)的产品产量(工作量)} \right) × 采取技术措施后的产品产量(工作量)$$

采取技术措施前的能源消费量是指企业在技术改造措施项目开工之前一种或几种能源 (需综合) 的实际消费量。

技术措施后的能源消费量是指企业在进行了某项技术改造措施后而实际消费的一种或几种 (需综合) 能源数量。

(4) 提高产品质量的节能量，是指企业生产同样数量的产品，在提高产品质量的情况下，而减少的能源消费量，计算公式为

提高产品质量的节能量 = (基期生产定额能耗量 − 报告期生产定额能耗量) × 报告期比基期减少的废品量

(5) 降低损失的节能量，是指企业在报告期，由于实际损失率比计划规定的损失率低，所节约的能源数量。计算公式为

降低损失的节能量 = (计划规定的损失率 − 实际报失率) × 报告期能源消耗量

(6) 提高能源利用率的节能量，是指企业报告期内的能源利用率高于基期的能源利用率，所节约的能源数量，计算公式为

$$提高利用率的节能量 = \left(\frac{1}{基期能源利用率} - \frac{1}{报告期能源利用率} \right) × 报告期能源消耗量$$

（7）采用代用品的节能量，是指企业由于采用能源代用品，而减少了能源消耗，节约的能源数量。计算公式为

采用代用品的节能量 =（单位产品原用能源消费量 - 单位产品代入能源消耗量）× 产品产量(工作量)

（8）产品结构节能量，是指假定在企业单位产值综合能源消费量不变的情况下，由于企业产品生产结构变化而少用（或超用）的能源数量。计算公式为

结构节能 = $\sum$[（基期某产品产值占全部产值的比重 -

报告期某产品产值占全部产值比重）×

基期该产品单位产值综合能源消费量] × 报告期全部产品产值

（9）单一能源品种节约量是根据单位产品产量单项能耗计算的节能量，是反映企业在报告期内某一种能源（如煤、油、电等）的节约量。如单位产品节煤量计算公式为

单位产品产量节煤量 =（基期某单位产品产量煤炭消耗量 -

报告期某单位产品产量煤炭消耗量）×

报告期该产品产量

6.2 钢铁工业能量回收利用的主要措施（转炉炼钢为例）

钢铁工业在生产过程中会产生大量的副产煤气（吨铁可产生约 $1800m^3$ 高炉煤气，转炉吨钢可产生 $100m^3$ 转炉煤气，吨焦炭可产生 $420m^3$ 的焦炉煤气）。这些煤气具有很高的热值，如何实现科学、合理的利用，对于钢铁企业节能具有巨大的意义。对副产煤气进行全量回收，不仅有利于企业的节能，而且又有利于环保。此外，转炉煤气回收量少的原因之一是用途不广泛。应将转炉煤气用于炼铁热风炉烧炉，替换宝贵的焦炉煤气，使钢铁企业的煤气利用更加科学、合理。

提高煤气能源转化率也是科学、合理地利用副产煤气的途径之一。将钢铁企业的副产煤气最大限度地广泛应用，可以取消烧油和使用天然气的设施。钢铁联合企业内的副产煤气量作为燃料总是有一定富余。煤气-蒸汽联合发电工艺能源转化率为 32%，煤气-燃气联合发电工艺能源转化率为 45%。所以说，钢铁企业将煤气用于发电是不得已而为之。目前，我国钢铁企业向电力部门供电网价格低，而再向电力部门要电却没有优惠。冶金行业动力转换的水、电、汽、风等，是通过投入的煤、煤气、水电等能源转换而来的。如自备电厂生产的电、风、蒸汽是通过投入的煤、煤气、水及电经锅炉产生蒸汽，蒸汽再经蒸汽机带动发电机、风机产生电和风；再如氧气厂通过投入电、水经制氧机系统产生氧气、氮气、氢气等气体。影响动力系统转换效率的主要因素在于能源的种类，以及工艺和装备的先进性。

转炉煤气回收的状况与水平，不仅从环保的角度反映了对转炉烟气的治理状况与水平，同时也是转炉炼钢能否达到负能炼钢的关键因素之一。近年来，我国的转炉煤气回收利用技术和水平有了较大的改善，但是除了宝钢、武钢等回收水平达到 $100m^3/t$ 外，其他企业的回收水平仍然较低。在转炉蒸汽的回收利用方面，大部分企业转炉余热锅炉生产的饱和蒸汽除了自身的消耗以外，还有大量的剩余，可以采用饱和蒸汽发电，不但可以充分利用饱和蒸汽，而且还可以避免蒸汽放散所造成的浪费，又能提供电能，产生新的效益。

6.2.1 转炉煤气的回收工艺

世界上各工业发达国家，转炉均实现了煤气回收，以日本与德国的回收水平最高，接下来是法国、俄罗斯。我国和俄罗斯的水平相当。目前世界上对转炉煤气的回收处理的方法有两大类：一种是湿法系统，另一种是干法系统。

6.2.1.1 湿法工艺

湿法处理方法有法国的 I-C 法（敞口烟罩），德国的 KRUPP 法（双烟罩）和日本的 OG 法（单烟罩）三种，这三种处理工艺都是未燃法湿式系统。日本的 OG 法由于技术先进，运行安全可靠，目前已成为世界上最广泛采用的转炉煤气回收处理的方法。

OG 法是一种对转炉煤气进行显热回收，继而进行湿法除尘净化再加以回收的方法。当前世界上有 90% 以上的转炉煤气回收使用的是文氏管湿法除尘的方式，并且它是以双级文氏管为主。该方法可以阻止空气从转炉炉口流入，使转炉煤气保持着不燃烧的状态，再经过冷却而回收。OG 法的工艺流程为：利用汽化冷却烟道将 1600℃ 转炉烟气冷却至 900~1000℃，继而经过两级文氏管对炉气进行降温和除尘，使烟气的温度到达 100℃ 以下，再经过脱水以后送入煤气柜回收或者放散。OG 法除尘以后产生了大量的污水和污泥，因此要经过旋流沉淀池、浓缩池以及挤压机等复杂的工序进行污水、污泥处理。泥浆的处理问题是 OG 法的主要难题。图 6-1 是 OG 法的工艺示意图。

6.2.1.2 干法工艺

德国鲁奇-蒂森公司于 1969 年推出的高压静电除尘净化转炉煤气的设备（LT 法）。至今在世界范围内已有 40 多套工业设备在各地钢厂中运行。

煤气是一种易燃易爆气体，它的燃爆有两个必不可缺少的条件，氧气和明火。在转炉炼钢中，空气是很容易通过炉口与集烟罩之间的缝隙进入回收系统的，而高压静电除尘器发生静电火花是在所难免的，因此，用高压静电除尘器来净化转炉煤气，具有很大的危险性。然而这种净化煤气方法从 1969 年至今的生

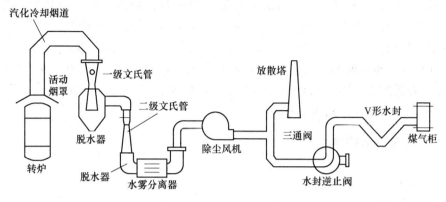

图 6-1　OG 法的工艺示意图

产运行中，并没有发生过爆炸件事故，且其技术经济指标比 OG 法还先进，前者净化回收的煤气中的含尘浓度可降至 $10mg/m^3$，而 OG 法为小于 $100mg/m^3$。LT 系统的关键设备是圆筒形干式高压静电除尘器，其特点是充分考虑了发生煤气爆炸的可能性。

LT 法的工艺流程如图 6-2 所示：转炉烟气从炉口出来以后通过活动烟罩，然后进入汽化冷却烟道。一般情况下，炉气在炉口出来的时候温度是 1700℃，经过汽化冷却烟道的出口以后变为 800~1000℃，假如再外加一段对流换热器的话，烟气的温度就可以降至 450~500℃，同时也可以缓解一级蒸发冷却器的负荷。蒸汽冷却器又可以将烟气的温度降至 180~200℃，还可以对烟气进行增湿调质，以便降低烟尘的比电阻，为电除尘器的除尘效果提供了保障。电除尘器的工作原理

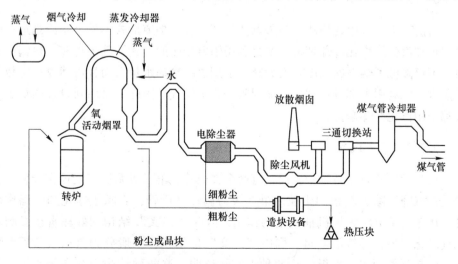

图 6-2　LT 法工艺流程示意图

是利用电场进行除尘，一般情况下设置 3 个电场，使得除尘的效果可以达到 99%。最后烟气经过电除尘器以后进入了除尘风机。在除尘风机中，煤气可以凭借风机出口的正压力，经过三通阀的切换，当煤气中 CO 小于 30% 的时候排入大气，CO 大于 30% 时要进行回收。在煤气柜前，再设置二次冷却塔，可以使煤气的温度降低到 5℃ 左右，这不但可以减少煤气柜的容积还可以提高煤气的质量。煤气柜内的煤气经过加压泵送至用户使用。

6.2.2　主要设备的简介

6.2.2.1　活动烟罩

在未燃法烟气净化回收系统中，一般均采用可上下升降的活动烟罩，以收集未燃烟气。目前国内氧气顶吹转炉的活动烟罩，在形状上大致分为套环形和伞形两类。套环形烟罩与日本 OG 法烟罩相似，其不同之处在于罩裙下缘斜度与转炉炉口不吻合。当活动烟罩降至最低位置时，烟罩与转炉炉口形成间隙，因此不能实现闭罩操作。同时，由于罩裙容积较小，缺乏烟气停留的缓冲空间，当炉气突喷时，逸烟量很大，易污染车间环境。伞形罩与法国的"CAFL"罩相似，但其罩裙容积却远没有"CAFL"罩大，因此围绕在罩裙内部的烟气飘浮层也较薄，起不到缓冲作用。为了提高转炉煤气的回收量，设计结构、形状合理的活动烟罩是必要的。不仅要求烟罩的可靠性和耐用性，而且要求烟罩既保证回收煤气的高质量，又尽可能地减少烟气的外溢，同时还要便于自动控制。

6.2.2.2　汽化冷却器

目前，无论采用燃烧法还是未燃法处理烟气，烟道形式不外乎水冷烟道、废热锅炉和汽化。汽化冷却烟道主要是利用辐射受热的方式，其结构较废热锅炉简单，不仅降低了烟气的温度，大大减少了烟道的冷却水量，而且可回收一定数量的蒸汽，既利用了部分物理热，又回收净化了煤气。因此，目前新设计的炉子大多都采用汽化冷却烟道。

6.2.2.3　文氏管

在转炉烟气净化系统中，设置有两个文氏管，第一级系溢流定径文氏管，主要是蒸汽降温除去较粗的尘粒。第二级为调径文氏管，它除了净化和降温作用外，还兼有调节转炉风机抽气量的作用，因此"二文"结构的好坏直接影响着烟气净化效果和煤气的质量。国内"二文"的结构，一般分为重铬式及矩形喉口式（包括翻板式、滑板式）两种。实际证明，这两种结构都存在易磨损、管体长、启动力巨大和阻损高等缺点。

6.2.2.4 洗涤塔

洗涤塔可作为烟气的冷却及除尘设备。在转炉烟气净化流程中，通常采用空心洗涤塔。按其结构及作用不同，可分为溢流快速洗涤塔、低速空心洗涤塔和快速空心洗涤塔。前两种洗涤塔一般作为烟气净化流程中的第一级设备，将高温烟气冷却到饱和温度，并起到粗除尘作用。快速空心洗涤塔多用在精除尘设备后进行降湿降温，并冲洗掉气流中夹带的含尘污水滴，起到除尘作用。

6.2.2.5 煤气柜

在转炉煤气回收过程中，煤气柜是主要设备之一，由于转炉回收煤气是间断性的，成分也在不断地发生变化，为连续供给用户成分、压力、质量稳定的煤气，必须设煤气柜来储存煤气。

6.2.2.6 液力偶合器

在转炉炼钢过程中，吹炼与辅助时间大约各占一半。在辅助时间内没有烟气产生，因此转炉除尘系统的风机是长期处在间歇负荷下工作，为了适应转炉的生产情况，在除尘风机与电机之间设置液力偶合器，控制风机在辅助时间内处于低速运转（风机的轴功率可降低到25%左右），这样可大大地减少电耗。

6.2.2.7 圆筒静电除尘器

圆筒形静电除尘器是转炉烟气干法除尘系统中的关键除尘设备，其主要技术特点有：（1）优异的极配形式。由于转炉煤气的含尘量较高，这就要求电除尘器具有非常高的除尘效率，而除尘效率高低主要取决于其极配设计的合理性。该除尘器分为4个独立的电场。每个电场均采用了C型阳极板，由于烟气具有较高的腐蚀性，所以A、B电场的阳极板采用了不锈钢材料。为了防止阴极线的断裂，阴极采用锯齿形的整体设计。通过对投入运行设备的检测，证明了该极配形式能够保证除尘效率。（2）良好的安全防爆性能。由于转炉煤气属于易燃易爆介质，对设备的强度、密封性及安全泄爆性提出了很高的要求。该除尘设备采用了抗压的圆筒外形，并且在制作时采用锅炉设备的焊接要求，另外在锥形进出口各装有4套泄爆装置，从而保证了除尘器长期运行的安全可靠性。（3）除尘器内部的扇形刮灰装置。电除尘器内部刮灰装置是电除尘器中非常重要的一部分，电除尘器排灰是否顺利，会影响到整个系统的正常运转。该除尘器的刮灰装置采用齿轮带动弧形销齿传动，并采用干油集中润滑，保证了刮灰装置的顺利运行。（4）耐高温的双排链式输送机。由于该除尘设备除尘效率高，所以有大量的灰需要即时输送出去。设备采用了可靠的耐高温的双排链式输送机进行输灰，确保输灰顺畅。主要通过对阴极线施加高压电，阴极框架和阳极板之间形成闭合的电场，通过静电感应形成电流，将通过电场气流中的粉尘颗粒进行击打，使其中的灰尘分别带有正电荷和负电荷，分别吸附在阴极线和阳极板上，仅有以分子形态存在的气流通过除尘器，从而将粉尘与气流分离开，达到除尘的效果。吸附在阴极线和阳极板的灰尘通过阴、阳极振打，落在除尘器内，并通过 A、B 扇形刮灰机将灰尘排到输灰系统中。出入口分布板的作用：从管道中过来的气流能够均匀地通过除尘器，防止除尘器内出现局部灰尘过大的现象，并通过分布板振打装置将吸附在分布板上的灰尘振落。

6.2.2.8　切换站和煤气冷却器

切换站的功能是通过煤气分析仪对转炉烟气成分的化验和分析，进行煤气的回收或放散，由两套液压驱动的杯阀实现煤气的回收或者放散。煤气冷却器在静电除尘器后主要对合格的转炉煤气进行洗涤和降温，将转炉煤气的温度降到70℃以下后排入煤气柜。煤气冷却器内上部装有两层水系统，合格的转炉煤气从煤气冷却器下部进入顶部排出，从而达到降温作用。通过煤气分析仪的检测，将不合格的转炉煤气直接通过燃烧释放到大气中。

6.2.3　转炉炼钢能量回收利用的主要措施

转炉炼钢能量回收利用的主要措施具体如下：

（1）降低能量消耗的措施：

1）实施高效氧枪改造，加强过程控制，通过探索尝试合适的枪位和氧压，能够比较有效地克服溢渣及过程喷溅，进而增加了出钢量，减少了能量的消耗。

2）优化入炉物料条件和结构。用纯镁粒来给铁水进行脱硫，代替喷粉脱硫，对铁水进行全程的扒渣处理，从而降低了转炉脱硫的负担，冶炼周期变短，能源的消耗得到有效的控制。

3）采用炉气分析，实现自动化炼钢。

4）实施转炉留渣操作技术。

5）采用科学的炉容比，减少转炉冶炼氧耗。

（2）提高转炉煤气的回收水平。提高转炉煤气回收的技术指标，除了关键的主体设备外，自动控制和检测也起重大的作用。因为烟罩内压力过低将吸入空气，造成煤气质量低，并形成不安全的因素；反之，罩内的压力过高，将使烟气外逸，污染周围环境。只有正确地将罩内的压力控制在一个合适的范围内，并及时地检测煤气中含氧量，才能保证煤气回收质量，以及操作的安全。这需要灵敏度高、效果好的自控和检测仪表。提高转炉煤气回收水平的主要技术措施有：

1）降罩吹炼和合理供氧。吹炼期炉口是转炉烟气与外界接触的唯一通道。

因此，提倡吹炼中降罩早，降罩到位。马钢一钢厂的经验是，吹炼开始，先降罩，后下枪，促成转炉烟气尽早达标，回收时间因此提前 40s。同时，利用炼钢间歇时间，及时清除炉口结渣，有利于烟罩的尽量降低。此外，在实践中摸索出供氧强度、氧枪枪位的合理控制规律，兼顾转炉脱碳、造渣及煤气回收之间的关系，提高炼钢一次终点命中率，延长达标煤气回收时间也会取得较好的回收效果。某厂的做法是，严禁吹炼后期提升枪位超过"开氧点"，以避免氧气直接被一次风机吹走，造成煤气氧超标而不得不提前结束回收的情况。

2）合理控制炉口微差压。衡量转炉煤气回收水平，必须同时考虑回收量及煤气热值，要保证最大限度回收转炉煤气能值，炉口合理差压控制是关键。国内大多数转炉煤气除尘 OG 系统为第三代设备，采用 RD 二文喉口阀，与炉口差压检测仪连锁调节差压。

3）重视煤气回收分析和计量仪器的隐患排除、缺陷修正。计量数据的正确与否，直接影响到煤气回收工作的顺利进行，生产中，由于取样管道积灰堵塞、泄漏、煤气分析仪探头污染等，都会影响到计量数据的可靠性及煤气回收时间。马钢三个钢厂都出现过因对计量产生怀疑，用煤气柜柜位变量标定孔板流量计的事情；测点布置不当，氧分析仪信号严重滞后，直至柜前管道出现氧高报警，造成用柜内煤气反吹，好几炉煤气不能回收的后果。因此，应强化对计量设备的管理，明确取样管道检查、吹扫周期，定期清理及标定，提高数据准确性。

4）加强与煤气柜信息沟通，保证回收通道顺畅。转炉煤气回收是一种间歇式作业方式，由于每个钢厂都有不少于 1 座的转炉共用 1 座转炉煤气柜，因此，回收煤气的流量波动很大。若有几座炉子碰巧同时回收煤气，就使瞬间流量达到最大；而反之，流量又降至很低。另外，转炉冶炼受品种、铸机运行的影响较大，产生节奏变化大，从而使气柜内煤气量处于无规律、大变化状态，如果不事前及时沟通，采取应对对策，则势必会造成柜满拒收，放散煤气的后果。马钢三个钢厂在负能炼钢攻关初期，此类现象经常出现，在后期阶段，炉前、风机房气柜加强了联系，适时调节煤气输出流量，情况大大改善。

（3）提高转炉余热蒸汽的回收利用水平：

1）改造转炉的氮封系统，用蒸汽代替氮气封氧枪口，减少氮气消耗，在增加蒸汽自产自用的同时，将余热锅炉所产蒸汽并入厂区蒸汽外网，使回收蒸汽得到有效利用。

2）降低转炉的工序能耗。转炉余热蒸汽存在压力波动大、含水量大。要选择合适的汽包运行压力及外输蒸汽流量，使汽化蒸气既不放散，又不冲击外蒸汽管网。

3）采用转炉蒸汽作为真空处理气源的供汽系统，不但可以节能还可以节约资金，而且便于调节。通过建立汽轮发电机组发电，也可以更好地回收余热资源。

4）增加蓄热器，可以稳定余热蒸汽压力，可以使其具备并网的条件。

6.3　蓄热式高温空气燃烧技术

高温空气燃烧技术在日本、美国等国家简称为 HTAC 技术，在西欧一些国家简称为 HPAC（Highly Preheated Air Combustion）技术，亦称为无焰燃烧技术（Flameless Combustion）。其基本思想是让燃料在高温低氧浓度（体积）气氛中燃烧。它包含两项基本技术措施：一项是采用温度效率高达 95%、热回收率达 80% 以上的蓄热式换热装置，极大限度回收燃烧产物中的显热，用于预热助燃空气，获得温度为 800~1000℃，甚至更高的高温助燃空气。另一项是采取燃料分级燃烧和高速气流卷吸炉内燃烧产物，稀释反应区的含氧体积浓度，获得体积浓度为 15%~3% 的低氧气氛。燃料在这种高温低氧气氛中，首先进行诸如裂解等重组过程，造成与传统燃烧过程完全不同的热力学条件，在与贫氧气体作延缓状燃烧下释出热能，不再存在传统燃烧过程中出现的局部高温高氧区。这种燃烧是一种动态反应，不具有静态火焰。它具有高效节能和超低 NO_x 排放等多种优点，又被称为环境协调型燃烧技术。

高温空气燃烧技术自问世起，立刻受到了日本、美国、瑞典、荷兰、英国、德国、意大利等发达国家的高度重视，其在加热工业中的应用得到迅速推广，取得了举世瞩目的节能环保效益。

6.3.1　HTAC 技术的发展

国内外各种工业炉和锅炉的节能技术发展都经过了废热不利用和废热开始利用的两个阶段。在最原始的年代，炉子废热不利用，炉尾烟气带走的热损失很大，炉子的热效率在 30% 以下，如图 6-3 所示。

从 20 世纪六七十年代开始，国内外较普遍地采用了一种在烟道上回收烟气的装置——空气预热器（或称空气换热器）来回收炉尾烟气带走的热量，如图 6-4 所示。

采用这种办法可以降低烟气温度，增加进入炉膛的助燃空气的温度，这样做达到了一定的节能效果，但仍存在以下问题：（1）其回收热量的数量有限，炉子热效率一般在 50% 以下；（2）空气预热器一般采用金属材料和陶瓷材料，前者寿命短、后者设备庞大、维修困难；（3）从燃烧器的角度来看，助燃空气的温度提高以后，火焰区的体积越来越小，火焰中心的温度也越来越高，炉膛内存在局部的高温区，这样对于工业炉来说，容易使加热制品局部过热，也影响了工业炉的局部炉膛耐火材料和炉内金属构件的寿命，对于锅炉来说影响其换热效率和水冷壁的寿命，甚至引起爆管等事故；（4）助燃空气温度的增高导致火焰温度增高，NO_x的排放量大大增加（甚至可以达到0.1%以上），对大气环境造成了严重的污染。

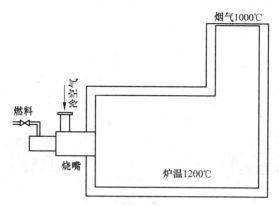

图6-3 废热不利用的炉子示意图

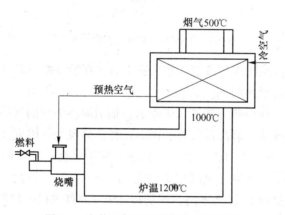

图6-4 安装空气预热器的炉子示意图

20世纪80年代初，美国的British Gas公司与Hot Work公司开发出一种在工业炉和锅炉上节能潜力巨大的蓄热式燃烧器，产生了高温空气条件下的"第一代再生燃烧技术"，用于小型玻璃熔窑上。其后，这种燃烧器被应用于美国和英国的钢铁和熔铝行业中，尽管这种燃烧器具有NO_x排放量大和系统可靠性等问题，但由于它能使烟气余热利用达到接近极限的水平，节能效益巨大，因此在美国、英国等国家得以推广应用。

进入20世纪90年代以后，国内外学术界将蓄热式燃烧器的节能与环保相抵触的难题提到科技攻关的地位，对其进行了深入的基础性研究，旨在同时达到节能和降低CO_2、NO_x排放的目标。日本工业炉株式会社田中良一领导的研究小组采用热钝性小的蜂窝式陶瓷蓄热器，取得了很好的效果。由于能高效回收烟气余热的蓄热材料和高频换向设备问题的解决，产生了高温低氧条件下的"第二代再生燃烧技术"，即现在所谓的"高温空气燃烧技术"。

6.3.2 蓄热式高温空气燃烧技术的原理及技术优势

蓄热式高温空气燃烧技术的原理如图 6-5 所示。

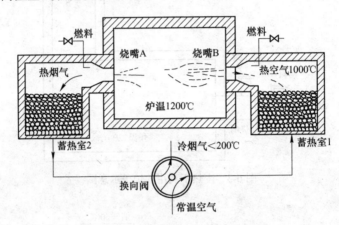

图 6-5 蓄热式高温空气燃烧技术原理

当常温空气由换向阀切换进入蓄热室 1 后，在经过蓄热室（陶瓷球或蜂窝体等）时被加热，在极短时间内常温空气被加热到接近炉膛温度（一般比炉膛温度低 50~100℃），高温热空气进入炉膛后，抽引周围炉内的气体形成一股含氧量大大低于 21%的稀薄贫氧高温气流，同时往稀薄高温空气附近注入燃料（燃油或燃气），这样燃料在贫氧（2%~20%）状态下实现燃烧；与此同时炉膛内燃烧后的烟气经过另一个蓄热室（见图中蓄热室 2）排入大气，炉膛内高温热烟气通过蓄热体时将显热储存在蓄热体内，然后以 150~200℃ 的低温烟气经过换向阀排出。工作温度不高的换向阀以一定的频率进行切换，使两个蓄热体处于蓄热与放热交替工作状态，常用的切换周期为 30~200s。蓄热式高温空气燃烧技术的诞生使得工业炉炉膛内温度分布均匀化问题、炉膛内温度的自动控制手段问题、炉膛内强化传热问题、炉膛内火焰燃烧范围的扩展问题、炉膛内火焰燃烧机理的改变等问题有了新的解决措施。

由上所述，蓄热式空气燃烧技术的主要优势在于：（1）节能潜力巨大，平均节能 25%以上。因而可以向大气环境少排放二氧化碳 25%以上，大大缓解了大气的温室效应。（2）扩大了火焰燃烧区域，火焰的边界几乎扩展到炉膛的边界，从而使得炉膛内温度均匀，这样一方面提高了产品质量，另一方面延长了炉膛寿命。（3）对于连续式炉来说，炉长方向的平均温度增加，加强了炉内传热，导致同样产量的工业炉其炉膛尺寸可以缩小 20% 以上，换句话说，同样长度的炉子其产品的产量可以提高20%以上，大大降低了设备的造价。（4）由于火焰不是在燃烧器中产生的，而是在炉膛空间内才开始逐渐燃烧，因而燃烧噪声低。（5）采用传统的节能燃烧技术，助燃空气预热温度越高，烟气中NO_x含量越大；而采用蓄热式高温空气燃烧技术，在助燃空气预热温度非常高的情况下，NO_x含量却大大减少了。（6）炉膛内为贫氧燃烧，导致钢坯氧化烧损减少。（7）炉膛内为贫氧燃烧，有利于在炉膛内产生还原焰，能保证陶瓷烧成等工艺要求，以满足某些特殊工业炉的需要。

6.3.3 我国在蓄热式高温空气燃烧技术领域的基础研究

6.3.3.1 高温空气燃烧技术的机理研究

1999年10月，在萧泽强教授的积极倡导下，在北京举办了"高温空气燃烧新技术国际研讨会"。自此，"高温空气燃烧技术"的概念正式传入我国并引起我国科技工作者的高度重视。清华大学、中南大学、东北大学及北京科技大学等科研院所对高温空气燃烧的机理和低污染特征进行了一系列研究。

高温空气燃烧技术的基本思想是让燃料在高温低氧体积浓度气氛中燃烧。它包含两项基本技术措施：一项是采用温度效率高、热回收率高的蓄热式换热装置，极大限度回收燃烧产物中的显热，用于预热助燃空气，获得温度为800~1000℃，甚至更高的高温助燃空气。另一项是采取燃料分级燃烧和高速气流卷吸炉内燃烧产物，稀释反应区的含氧体积浓度，获得浓度体积为15%~3%的低氧气氛。燃料在这种高温低氧气氛中，首先进行诸如裂解等重组过程，造成与传统燃烧过程完全不同的热力学条件，在与贫氧气体作延缓状燃烧下释出热能，不再存在传统燃烧过程中出现的局部高温高氧区。

这种燃烧方式一方面使燃烧室内的温度整体升高且分布更趋均匀，使燃料消耗显著降低。降低燃料消耗也就意味着减少了CO_2等温室气体的排放。另一方面抑制了热力型氮氧化物（NO_x）的生成。氮氧化物（NO_x）是造成大气污染的重要来源之一，各工业企业都在设法降低NO_x的排放。NO_x主要有热力型和燃料型。HTAC烧嘴主要采用气体燃料，其中含氮化合物少，因此燃料型NO_x生成极少。由热力型NO_x生成速度公式可知，NO_x的生成速度主要与燃烧过程中的火焰最高温度及氮、氧的浓度有关，其中温度是影响热力型NO_x的主要因素。在高温空气燃烧条件下，由于炉内平均温度升高，但没有传统燃烧的局部高温区；同时炉内高温烟气回流，降低了氮、氧的浓度；此外，气流速度大，燃烧速度快，烟气在炉内停留时间短，因此NO_x排放浓度低。

6.3.3.2 陶瓷球蓄热室热工特性的研究

20世纪80年代初新型小陶瓷球蓄热室技术问世以后，引起了我国热工界的高度重视。我国从 80 年代中后期开始对新型蓄热室技术进行开发研究，建立了专门的陶瓷球蓄热室实验装置，着重对陶瓷球蓄热室的阻力特性和换热特性进行了系统的实验研究，得出了蓄热室阻力特性和换热特性与蓄热室的结构参数和操作参数之间的基本规律，为蓄热室的合理设计奠定了基础。进行实验的陶瓷球蓄热室如图 6-6 所示。

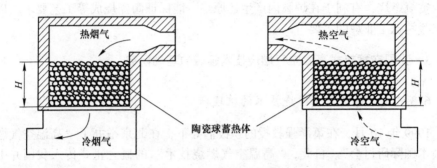

图 6-6　陶瓷球蓄热室示意图

　　蓄热室的工作过程是周期性地通过被预热介质（助燃空气或煤气）与烟气，也就是周期性地处于放热和吸热状态。在整个过程中，烟气温度、空气温度、蓄热体温度不仅是时间的函数，也随位置的不同而变化。陶瓷球蓄热室内换热过程是包括对流、辐射和传导在内的复杂的非稳定态传热过程。我国学者对陶瓷球蓄热室这种周期性非稳定态换热过程的主要特性进行了较为深入、系统的研究。经过研究，陶瓷蓄热室温度分布特性如下：

　　（1）空气出口温度随着时间的延长而逐渐降低，其规律近似呈线性变化。

　　（2）在一个周期内排烟温度随着时间的延长而升高，其规律也近似呈线性变化。

　　（3）蓄热体表面温度在冷却期随着时间的延长而逐渐降低，规律近似呈线性变化。

　　（4）蓄热体表面温度在加热期随着时间的延长而逐渐升高，规律近似呈线性变化。

　　（5）蓄热室内部烟气温度和空气温度沿高度方向的变化也近似呈线性变化。

　　（6）蓄热体表面温度的变化与空气和烟气温度的变化规律基本一致，在同一位置，球的表面温度比空气温度高 40~60℃，比烟气温度低 45~55℃，球的直径大时，球与气体之间的温差较大，球径小时，球气温差较小。

6.3.3.3　蜂窝型蓄热体的热工特性的研究

　　20 世纪 90 年代初，日本工业炉株式会社田中良一领导的研究小组开始采用热钝性小的蜂窝式陶瓷蓄热器，取得了很好的效果。与球形蓄热体相比，蜂窝型蓄热体在比表面积、质量、压力损失、换向时间等方面具有极大的优越性。在我国，蜂窝型蓄热体在蓄热式燃烧系统中的工业应用得到越来越多的重视，欧俭平等人通过数值模拟，对蜂窝型蓄热体的热工特性进行了研究，本节对其研究结果进行简要介绍。

A 蓄热体格孔壁面应力特性

蓄热体在使用中，由于格孔孔壁双面受热或冷却，除受温度作用外，还受各种应力作用，很容易遭受损坏。造成蓄热体损毁的因素很多，如高温空气和燃烧产物的化学作用、温度急变和热膨胀等物理作用以及气流冲刷和高温荷重等机械作用等。上述各种因素往往同时存在，但对于某一特定的工作环境，必有一个主要原因。经对国内某厂生产现场被替换的蓄热体进行研究，发现大部分蜂窝体单元出现不同程度的裂纹和剥落。显然，脆性应力破裂是造成这一问题的主要原因。

计算结果表明，无论是加热期还是冷却期，蜂窝体格孔壁面主要受到法线方向的应力作用，其切向和轴向所受应力分别不到法向应力的 1/200 和 1/10000。加热期应力指向壁面，对蓄热体孔壁产生挤压，表现为挤压应力；冷却期壁面受力方向指向流体，对壁面产生拉曳，表现为拉应力。显然，如果蓄热体的壁面所受应力大于其所能承受的最大应力，将导致应力脆裂。频繁的蓄热和释热过程变换，使得蓄热体格孔壁面交替地受到拉应力和挤压应力的作用。流体的流速越大，应力变化越大；换向时间越短，蓄热体受拉应力和挤压应力交替作用的影响越大。

B 蜂窝型蓄热体的传热特性

对蜂窝型蓄热体传热特性的研究结果表明，蓄热体壁面和气体间的换热强烈；狭长的格孔通道对流动和换热有一定的影响。换向时间对蓄热体的传热特性的影响较大，换向时间越长，烟气出口温度越高，蓄热室的温度效率和热回收率越低。气体流速对蓄热体的传热特性也有影响。气体的流速越高，烟气出口温度越高，余热回收率越低。

6.3.4 蓄热式高温空气燃烧技术在我国的发展

2018 年，全国的钢产量达 9 亿吨，全国冶金行业的加热炉达 1000 座以上，目前我国轧钢加热炉的平均能耗为 60kg 标准煤/吨钢，国际先进水平的加热炉平均燃料单耗为 51kg 标准煤/吨钢。按我国每年加热钢坯 9 亿吨计算，全国的轧钢加热炉改造后达到平均能耗 40kg 标准煤/吨钢，相当于平均节能 33%，改造后全国钢铁行业仅轧钢加热炉一项每年可少消耗 1800 万吨标准煤，另外，热处理炉、钢包、中间包烘烧器等设备由于工艺上的特殊性，目前的能源利用率更差，其节能的潜力将更大。此外，还将对钢铁行业降低氧化烧损、减少环境污染、降低设备造价，增加单炉产量等方面起到重要的作用。

综上所述，新型蓄热式技术应用在工业炉上可以获得显著的节约能源和减少环境污染的效果。我国工业炉窑种类繁多，数量巨大，在我国推广应用这项新技术，将会带来巨大的经济效益和社会效益。

目前，我国多数轧钢加热炉使用发热值较低的混合煤气、转炉煤气甚至高炉煤气作为燃料。在燃用低热值煤气的情况下，如果单预热空气，对废气余热的回收是不充分的。同时，在燃用混合煤气的情况下，如果只预热空气，仍有约34%的可回收热没有得到利用，这是很可惜的；同时也可以看出，燃用低热值煤气时，空气和煤气双预热的效果，比燃用高热值煤气时双预热的效果好。此外，燃用低热值煤气时空气和煤气双预热，炉子的烟气可以全部经空气蓄热室和煤气蓄热室排出，炉子无须设置排放多余高温烟气的烟道和烟囱，使炉子的构造和布置简单化。

另外，煤气和空气双预热，可以使高炉煤气达到足够高的燃烧温度，因而为加热炉单一使用发热值很低的高炉煤气创造了条件，这样可以使钢铁厂副产品——高炉煤气得到更充分的利用。

空、煤气双预热的加热炉，分别设置空气蓄热室和煤气蓄热室以及相应的空气换向阀和煤气换向阀，经空气换向阀排出的烟气和经煤气换向阀排出的烟气由各自引风机抽出。

6.3.4.1　蓄热室的群合式配置

所谓蓄热室的群合式配置，即1个空气蓄热室以及1个煤气蓄热室对应1群烧嘴，而不是1个蓄热室对应1个烧嘴，其组合形式参见图6-7。群合式布置方式可以简化管路系统和减少换向装置数量，燃烧自动控制系统也简化了，特别是在空、煤气双预热的情况下，这些优点更显突出。蓄热室布置在炉子两侧，一般每侧分别设4~6个空气蓄热室和煤气蓄热室。推钢式连续加热炉将蓄热室直接放在炉底下面，而步进式加热炉则将蓄热室摆放在炉墙外侧。群合式布置方式示意图如图6-8所示。

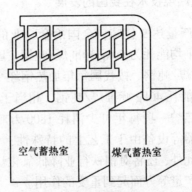

图 6-7　群合式蓄热室布置图

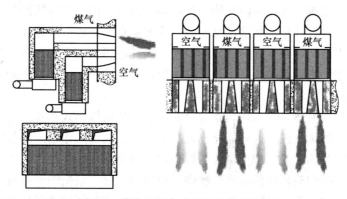

图 6-8 蓄热室群合式布置的烧嘴结构

6.3.4.2 集中换向装置

在群合式配置蓄热室的基础上，换向阀的配置进一步集中，采取多个蓄热室配一个换向阀。其管路系统参见图 6-9。

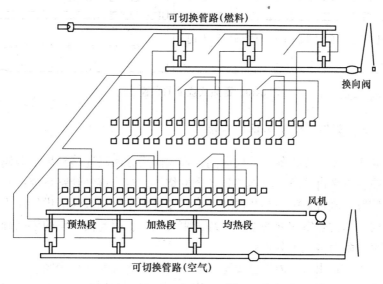

图 6-9 集中换向装置管路系统图

换向时间以定时控制为主，在出蓄热室的烟气温度超温的情况下，则根据温度信号强制换向，换向时间一般为 1.5~3.0min。

6.3.4.3 燃烧器的布置

燃烧器布置在炉子的两侧，两侧的烧嘴交替进行燃烧和排烟。燃烧过程主要在炉内进行，高速气流使炉内气体产生很强的搅混作用，炉内气流的主导流向是从一侧到另一侧，并且不断地正反变向，这些特点都使得炉膛宽度方向温度均匀化，有利于提高钢坯长度方向加热均匀性，因此蓄热式燃烧器布置在侧墙上完全克服了一般侧烧嘴固有的缺点，尤其是炉膛宽度大的炉子，在炉子侧向布置蓄热式燃烧器的优点更加突出。

燃烧器几乎沿整个炉长均匀布置，取消了传统的推钢式和步进式连续加热炉的不安装烧嘴的预热段，这样能充分发挥整个炉子的加热作用。炉长方向的炉温制度不再是明显的三段式炉温制度，但仍然可以分为几个加热区，可根据加热的品种和产量灵活调整各段的温度。燃烧器设置的数量，根据炉子热负荷的分配以及适当的燃烧器间距来确定。为了起炉的需要，还在炉子的适当位置布置一定数量的常规烧嘴。蓄热式加热炉中烧嘴的布置方式见图 6-10。

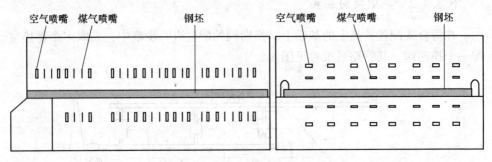

图 6-10　蓄热式烧嘴的布置方式

6.3.4.4　空气、煤气和排烟系统

空气和煤气总管连接各自的换向阀，换向阀后分两路连接到炉子两侧的蓄热室，从蓄热室出来再分若干路连接到各个燃烧器。空、煤气管路系统设有流量测量和调节装置，流量分配调节装置和安全装置等。空气和煤气的供给压力，应考虑包括换向阀和蓄热室在内的整个系统的阻力损失，因此按可靠的依据确定换向阀和蓄热室的阻力损失十分重要。

烟气从蓄热室出来，温度已降至 200℃ 左右，所以可以直接经空气、煤气的金属管道流经换向阀，经过换向阀后的烟管、排烟机和烟囱排入大气。经煤气换向系统和空气换向系统的烟气分别由各自的排烟机抽引排出。排烟机的能力根据烟气量和烟气流路的系统阻力确定，所以正确确定烟气流经换向阀和蓄热室时的阻力也是很重要的。烟管上设置调节装置，用以控制炉膛压力。

作为一项跨世纪的先进节能环保技术，HTAC 技术能够最大程度地实现高产、优质、低耗和低污染，完全符合我国可持续发展的战略要求。HTAC 技术高效、节能和环保的多重优越性及巨大的技术经济效益和社会效益正在被越来越多的企业所认识，并且正在拓展到石化、陶瓷、玻璃、锅炉、机械等行业的热工设备上。目前我国有数以万计的工业加热炉和其他各类工业炉窑，采用 HTAC 技术后，平均节能率可达 30%，预计每年可给国家节约 3000 万吨以上标准煤，可为中国的企业带来 300 亿元以上的经济效益。

习　题

6-1　请列举钢铁工业中转炉炼钢过程主要节能措施，并对各项措施的经济效益进行简单分析。

7　钢铁企业能源管理系统实例

钢铁企业是一个复杂流程、高消耗的生产系统，节能和优化一直以来成为影响其发展和现代化水平的重要因素。

能源管理系统（Energy Management System，简称 EMS），是实现钢铁企业能源监测、控制、预测与智能管理调度的重要现代化手段。而其核心的功能——能源预测及管理调度模型是支持 EMS 运行和功能实时的神经中枢。在能源预测及调度模型中，由于副产煤气基于煤气管网的可控性，以及其在使用上较大的节能潜力，使得对其进行研究和相应模型的建立，有着更为重要的实用价值。

7.1　能源管理系统的发展及现状

能源管理系统通过网络将现场设备的数采系统和仪表连接，以微处理、电子计算机等设备对现代化能源进行统一管理，从而达到能源数据的集成和统一管理，具有先进的管理水平和明显的经济效益。

早期的能源管理系统功能比较简单，主要针对现场的设备进行数据的监视和统一管理，随着计算机和网络技术的不断发展，以计算机为主的电子技术被越来越多地加入到能源管理系统的建设中来，相应地，能源管理系统执行的功能也变得更加复杂和高级，例如逐渐实现了能源的预测、预报和平衡分析。后来，智能预测和优化计算的方法，又使得能源管理系统对实时生产的钢铁流程进行优化控制变得可能。逐渐形成了集能源及管网运行参数、环境等参数的监控，异常情况的报警、能源产耗的潮流显示、能源的预测等功能为一体的智能管理调度系统，使能源的使用最优、效益最高、能源消耗最少和成本最低的综合调度现在或未来将逐步实现。

能源管理中心在国外起步较早，日本是开展能源中心最早、水平最高的国家。如日本的八幡制铁所设计了第一个钢铁企业能源管理中心，对能源实现了统一的监视和集中管理；1970 年，鹿岛制铁所也建立了能源管理中心，并且引进了中央处理事务计算机实现了能源的管控。该系统在制定单位时间的能源计划等规划功能之外，还随时掌握了生产的用能情况，为实时调度方案的制定提供了重要帮助；随着计算机技术的不断发展，智能算法的不断进步，同时伴随着石油危机等能源形势的不断恶化，日本及西方国家更加意识到节能降耗的重要性，进一步进行能源中心功能的建设和完善，包括和歌山、扇岛钢管以及西德的蒂森和布德鲁斯钢铁厂等，加快了能源管理中心的建设，走在了行业的前端，同时得到了巨大的收益。

我国的能源管理中心起步较晚。其中，宝钢于 20 世纪 80 年代引进日本的技术和装备，建立了我国最早的能源管理中心。宝钢的能源管理中心基于生产连续性、整体性、环保型以及系统开放性的思想，起到了减少人力成本、能源使用最优和制定应急预案的功能，同时利用了分布式系统带来的边界，使得通讯成本得到了降低等功能，目前得到了良好的收益。马钢引进宝钢的技术，引入了能源管理中心的建设，实现了对电力、动力和水道等系统的监视。同时，通过网络将能源管理中心与各级生产和调度单元相连，实现了对全厂的信息采集、调度通信以及控制指令传达等功能，实现了企业的能源集中管理。另外，济钢也建立了能源管理系统，完成了数据整理报表处理等功能，同时还对能源数据进行实绩的过程管理、分析预测管理以及实现了一定的调度计划制定的功能。其功能框架图如图7-1 所示；其他钢铁企业近年来也陆续引入了能源管理系统的技术，对能源实现了监视和不同层次的调度水平，为我国钢铁的企业能源管理中心的建设提供了切实的依据。

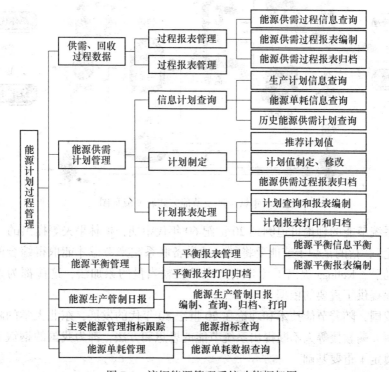

图 7-1　济钢能源管理系统功能框架图

基于我国钢铁企业目前能源使用现状，不难看出，在我国已经取得了一定进步的同时，还与国外先进水平有着一定的差距。而能源管理中心，这项源于能源的有效利用和管理，并且结合了计算机及网络等智能技术的集成系统，为企业的节能和能源的匹配利用提供了重要的帮助。

钢铁企业作为一个大规模的生产系统，设备之间存在着工序的上游和下游的关系，并且由于物质的不断流通，使其中复杂的物质和能量转换无时无刻不在进行着。过去的节能方式，主要基于设备的优化和控制，从单体上进行节能方式的实施；而近些年来，以能源管控为关键技术的总体节能不断被提出，单体节能向系统节能的发展越来越成为以钢铁企业为代表的大型生产系统未来发展的趋势，如图 7-2 所示。因此，钢铁企业的节能措施，不能只针对单体设备进行优化，而更应从整体的角度出发，通过对全厂全流程进行系统节能的考量，才能以较少的投入和维持原设备不变的情况下，实现尽可能大的节能效果，从而产生良好的经济效益。

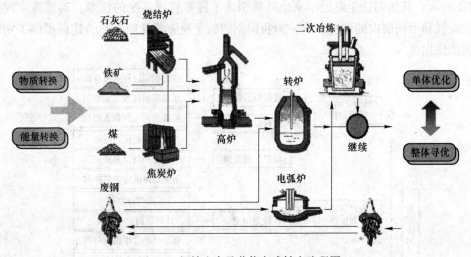

图 7-2　钢铁生产及节能方式转变流程图

而系统节能的理论可追溯到 20 世纪 60 年代中期，格林果夫等提出的"炉子泛函理论"，指的是炉子节能要将其前后设备联系起来考虑才能取得综合的最佳效果；随后，Kellogg 提出了计算生产产品燃料当量的累加法，这些都为系统节能的发展提供了重要的依据。

在我国，随着节能技术和理论在 20 世纪 80 年代的发展，东北大学的陆钟武院士和蔡九菊教授等人不断提出系统节能的思想和方法，都为我国的钢铁工业节能发展奠定了重要基础。

同时，结合整体节能的思想，也不难发现，要达到整体节能的目的，实现能源决策和管理中的能源预测、调度和优化等功能，需要通过对副产煤气等的能源介质进行调节。而生产设备和能源管网作为能源的最终用户和传输通道，对能源上使用的要求又是不可忽视的。因此，若要进行钢铁企业的整体节能，对重要能耗的机理研究或模型建立又是不可或缺的，如图 7-3 所示。

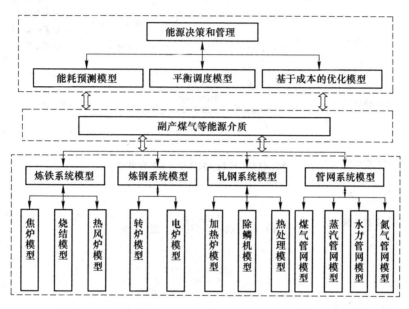

图 7-3　钢铁生产能源调度及优化整体功能图

　　钢铁企业本身是一个复杂的大规模生产系统，为保证生产的有序和自动化，应配备相应的计算机控制系统，并将其进行相应合理的分级，对钢铁企业的自动化系统进行完善。

　　1962 年，英国 TRB 钢铁公司将生产和控制的过程相结合，形成了一个具有分级的计算机控制系统，系统自上到下分为生产过程级、生产控制级、生产管理级以及全厂调度级。随着钢铁企业生产流程不断增大，能源设备逐渐增多，如何进行优化的分级以达到高效管理的目的，更是成为了企业正常运行和责任划分的重要依据和保证，企业自动化系统的各级含义也日渐明确。1989 年，普渡大学 Williams 教授提出了 Purdue 模型，将大型生产流程自上而下地分为过程控制、过程优化、生产调度、企业管理和经营决策五个层次；国际标准化组织 ISO 在其技术报告中将冶金企业的自动化系统分为 L0～L5 级结构。其中，L1～L3 主要面向过程控制，注重企业信息的时效性和准确性，同时保证设备自动控制的稳定和执行的准确，从而保障连续性的生产；L3 主要面向基础和过程自动化级，更加强调了过程控制对连续和稳定生产的意义；L4～L5 级面向业务管理，强调了信息的关联性和可管理性，从更高层次上制定了企业级的生产和订单计划，用以更加准确地为生产指令的下达提供最重要的依据，结构构成图如图7-4所示。

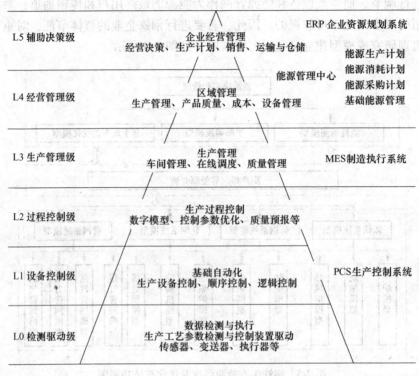

图 7-4　钢铁生产自动化系统 L0~L5 级结构图

　　企业经营管理级负责企业整体运营策略的制定，为长远的企业经营提出订单、生产销售和储存方面的计划。同时，还履行企业职能、调度和生产计划，以及企业的生产管理、物料管理、设备管理以及生产质量的管理和维护等，主要负责企业级综合计划的制定、监督和实施，同时包括了企业日常行为规范的管理等。

　　生产控制级主要负责各单元和各车间的生产，通过对公司级指令的下达和监督，保证该计划的稳定实施；同时，针对车间在工作过程当中可能出现的问题进行及时发现和排除，通过制定相应的预案来实现持续的生产；最后，还要对该车间或部门生产得到的产品进行质量的检测和验收。

　　过程控制级主要负责协调和控制生产，针对设备进行直接的控制，以完成车间下达的部门生产任务；同时，还针对设备中的可调节参数进行实时的跟踪和调节，使设备在正常的工作范围内运行。

　　基础自动化级主要是对设备进行顺序的控制、逻辑控制级简单的数学模型计算，按照上一级下达的指令完成对设备参数的闭环控制。

　　数据检测与执行级主要对基础的设备进行参数的调整以进行相应的操作，同时对其所产生的能耗等数据进行检测和上传,以保证设备在执行过程中数据的实时性和准确性。

其中,企业级 ERP 系统主要是将各部门的信息技术进行连接,使该信息能够在局域网内得到共享,通过权限的设定保证各级的生产信息被不同生产层级的执行人员所获得,从而避免了在信息传递过程当中的人力和物力不必要的浪费,同时使制定计划的高层管理者可以准确及时地下达计划;另外,ERP 是对企业中所有资源,包括物流、能流和信息流等,进行全面汇集和管理的系统。它建立于信息技术的发展之上,利用企业管理的思想和理念,为企业提供更加全面的决策、计划等信息,形成了大型自动化系统的神经中枢。可以说,ERP 系统不仅是一个信息系统,更是从管理思想上出发形成的产物。

MES 形成于 20 世纪 10 年代,为加强企业的生产管理,降低企业成本而出现的一种管理和控制方式。该方式强调计划的执行,并将计划和生产进行有效的集成,保证了信息和生产之间的无缝连接。同时,MES 面向企业生产车间,提供了从订单形成到计划执行之间的最优化信息。可以说,MES 在计划管理层和控制层之间架起了一座桥梁,对计划任务的下达和生产的准确执行,乃至生产、能源等过程数据的及时上传,有着不可或缺的地位。

我国钢铁企业随着自动化技术的不断发展,对于企业自动化系统的分级也逐渐按照适合企业发展和正常运行的目标去选择更加适合自身的发展模式,以便于对设备和数据的管理,同时使调度等执行计划能够逐层准确地传达和消化。

目前在我国钢铁企业内,较多的自动化系统分级方法是将原有的 L0~L5 级重新划分为 L1~L3 的三级系统。其中,设备自动控制级为 L1 级,主要实现对车间或车间内的部分区域以及设备进行参数的调节,保证所属区域内的设备能够在准确实施上级计划的情况下正常稳定地运行,同时使能源、过程等基础数据能够得到及时和准确的上传;L2 级为基础/过程自动化级,主要保证车间或某段生产工艺内设备的正常运行,通过对所属区域内的设备进行参数的调节,保证公司级计划的准确执行,以及对相应的过程数据进行稳定和准确的记录和传输;L3 级包含了公司级ERP 及 MES 系统,主要负责公司级计划的制定,包括了生产计划、能源计划及销售等综合计划的制定。另外,将生产计划和制造系统进行结合,完成生产和制造的功能集成,使生产系统在整体功能上更具完整性,如图 7-5 所示。

其中,钢铁企业能源管理系统(EMS)通过制定能源生产、销售和采购计划,并且实施基础的能源管理,功能上贯穿了 L2~L3 级的部分或全部功能,不仅保证了钢铁企业生产或能源计划的制定和下达,同时对生产进行监督和控制,在功能上更加集成化,为钢铁企业自动化系统的建设和实现提供了重要的支持。

为实现上述功能,EMS 常分为三级结构以满足功能上的需要,如图 7-6所示。

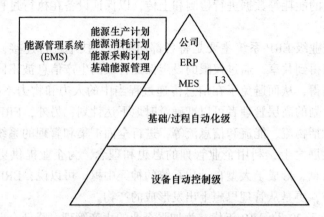

图 7-5　钢铁生产自动化系统 L1~L3 级结构图

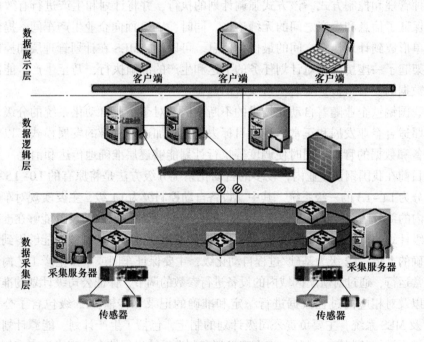

图 7-6　EMS 结构框架图

　　其中，数据展示层构成了 EMS 数据来源的基础。采集层根据对数据来源的需求，对电力、蒸汽和煤气等进行采集。通过对设备建设仪器和仪表，对能源等相关的数据进行数据的计量和显示，继而将数据子站的数据经由数据整合、编码和传输后，发送至数据总站；最后，根据监控和调度的需求，将数据发往各监控点，以满足不同部门和生产级别的数据需求。

　　数据逻辑层，是 EMS 整体计算、优化和调度等功能的核心，负责存储、组织和整理数据，可以认为是 EMS 的大脑。在数据逻辑层中，通过对采集得到的数据进行整理和汇总，在不同钢铁企业实现了不同层次的预测和管理调度等功能。也就是说，通过在数据逻辑层的计算服务器中安装相应的计算方法、服务器和数据处理功能的模块等，经过数据的输入，就可以得到相应的计算结果，并进行储存和归档的功能。

数据展示层，是 EMS 面向以调度人员为主的客户的窗口。通过铺设局域网或互联网，针对不同级别和功能的用户设定相应的权限，用户就可以根据自身的需求对计算和处理得到的数据进行显示和保存等功能，以满足可能的数据统计需求；另外，通过将各设备的运行参数、预测得到的能源趋势和管理调度模型计算得到的结果进行显示，调度人员就可以根据上述结果对能源和相应的生产情况进行事前的调度和安排，保证了生产的最优化和连续、安全生产的目的。

7.2　钢铁企业副产煤气管理调度模型实例分析

7.2.1　钢铁企业副产煤气管理调度模型总体框架

调度，是工程领域内一类问题的总称。调度问题最早出现于生产制造行业，指的是在一定约束条件下，为特定对象设计流程，并向各流程内的任务和工作下达顺序和时间指令的过程。

传统的生产调度需要执行多个功能，以满足生产的不同需要。例如：生产满足一定的生产工序序列，避免各设备之间在时间上的冲突，保证某些设备在运行过程中的连续使用，保证设备运行处于安全负荷范围内以及设备在一段时间的运行后的定时停休等。

调度问题按其性质的分类可分为静态调度和动态调度。静态调度是在调度环境、调度任务以及与调度相关的各项参数在生产和调度指令下达前，都已经被掌握的情况下而进行的调度方案的制定；与之相对应的，动态调度是指在实际的生产过程中，由于不确定因素的存在，可能会引起的环境因素变换、临时故障的出现以及人为操作上的失误等，由此即产生了调度问题形式上的变化，因此需要通过及时地对调度方案进行调整，以满足生产连续和最优的需要。

如今，调度问题的思想及其应用已广泛适用于各领域，例如铁路、电力等行业均利用调度的思想对现有的生产环节进行方案的制定，取得了良好的运行效应。

钢铁企业副产煤气的管理调度，是基于钢铁企业生产系统的运行现状，通过前文叙述的原理和方法进行能源的预测，继而在把握了能源趋势的基础之上，根据适合企业生产的调度需求进行能源的调度。在调度执行的过程中，除满足调度需求的规则外，还通过对平衡的分析与评估，将某些调度方式作为调度的规则载入专家调度库中，作为未来合理调度的执行依据。由此，就形成了集能源预测和调度的功能为一体，对能源系统和生产系统进行在职能上耦合的企业能源管理调度的方案，如图 7-7 所示。

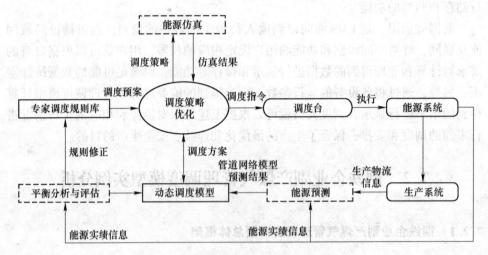

图 7-7　钢铁企业能源管理调度整体框架图

　　钢铁企业副产煤气的管理调度，实际上是一种基于规则的调度，即在保证各用户相应热值需求的基础上，在副产煤气整体平衡的情况下，考虑煤气的适当调配，从而保证系统连续稳定的生产；当煤气不足时，考虑通过替代、混合或者购入的方法进行代替，以解决用能上的困难和矛盾。若难以通过简单的替代等操作解决问题，则需要通过减少煤气系统中潜在的用户以调节能源使用上的矛盾；反之，当能源富余时，又要通过储存、销售或者放散的方法合理使用煤气。

　　然而在钢铁企业的生产过程中，难免会发生常规方法难以预测的事件，比如高炉的临时休风，轧钢过程中出现的断带以及设备运行过程中的临时检修等情况。因此，本书结合上述的分析方法，将钢铁企业的副产煤气调度策略按调度情况的不同分为静态调度和动态调度。

　　钢铁企业副产煤气的静态调度，是指在企业正常生产的情况下，依据企业能源的实际情况所进行的带有一定指向性的调度。所谓的指向性，即根据能源总量的情况，采用例如煤气放散最小，或煤气使用最优为目标的调度方法进行的调度。

　　钢铁企业副产煤气的动态调度，是在静态调度建立目标的基础上，对可能出现的无法预料的情况，或难以处理的情况，进行事前的预案准备，从而建立完备的专家调度规则库。当动态事件发生的时候，可以进行当前情况下的最优调度。

　　钢铁企业副产煤气的静态和动态的管理调度，实质上是根据能源使用情况而建立的不同层次的梯级管理调度，反映了企业能源调度的水平。

7.2.2 静态调度目标的评价策略

钢铁企业副产煤气的静态优化调度，是基于设备对副产煤气热值的需求，以及煤气产品之间的可替代性，所建立的有一定目标的方程以及与之匹配的约束条件而构成的优化模型，从而通过对该模型进行求解可得到适用的调度优化方案的过程，模型框架图如图 7-8 所示。优化调度的模型常因企业的实际生产状况以及煤气的富余情况所决定，本节主要针对几种常用的优化调度模型建立情况进行对比和分析，得到了较为全面的静态优化调度模型建立的方式和方法。

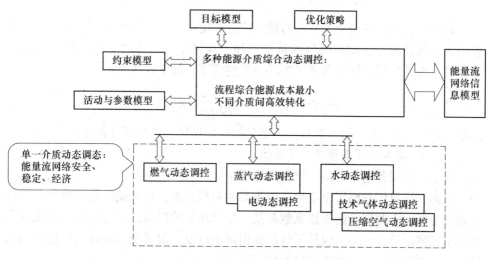

图 7-8 钢铁企业能源优化调度模型框架图

7.2.2.1 以投入产出为思想建立的优化调度模型

投入产出模型是在通过研究系统投入产出的平衡关系，进行经济性分析的一种模型，是描述能源投入产出关系的模型。按其研究对象的不同，分为：（1）产品分配平衡模型；（2）产品能值计算模型；（3）企业能耗总量的计算模型。

投入产出模型，通过利用封闭的方程组对问题进行描述，从而通过约束条件建立得到完整的模型，以进行求解。该模型不仅可以对企业进行投入产出的分析，同时还能够对整体进行优化，是完成能源技术经济分析和评价的有效手段，已经得到了广泛的应用。

然而，钢铁企业中由于生产上存在着一定的不规范，以及由生产人员主观上的经验性和随意性引起的生产不当，会对物质流通的规律造成一定的影响。因此在实际研究的过程中，难以对物质流体进行清晰的把握，从而为整体的优化带来难度。

7.2.2.2 通过副产煤气平衡建立的优化模型

平衡模型是节能中常用的模型,是通过具有一定物理意义的平衡方程建立得到的。根据平衡类型的不同分为:(1)物料平衡模型;(2)能源供需平衡模型;(3)能量平衡模型。

能源平衡模型的建立,可以在一定程度上对副产煤气进行优化的分配,但由于其对经济成本等更加全面的因素的考虑相对欠缺,因此往往作为其他优化调度模型中的一部分或约束条件进行分析求解。

7.2.2.3 以煤气的净能耗或放散最小为目标的优化调度模型

以净能耗或放散最小为目标的煤气静态调度模型,有效地保证了钢铁生产过程中各煤气设备对于副产煤气的最优使用,保证了各设备对于煤气使用的不浪费、最合理的目标,同时保证了连续生产的需要,如下式所示:

$$\min(f(E_{T,j})) = \min\left(\sum_{j=1}^{n} \alpha_j E_{T,j}\right)$$

式中　n——副产煤气的种类数,主要包括焦炉煤气、高炉煤气和转炉煤气;

　　　α_j——能源折算系数或产品能值;

　　$E_{T,j}$——j设备对每种副产煤气的使用量。

然而,该目标忽略了企业生产中重要的利润因素,仅从能耗角度出发,没有注意到市场上实时变动的价格系数对某一生产环节的影响,同时没有和潜在的订单需求紧密地结合。如果仅从煤气的使用最小出发,很可能因为煤气产耗之间的耦合影响到生产过程中物流或铁素的流通。

因此,以净能耗最小为目标的煤气静态优化调度模型,在企业竞争压力不断增大,外部需求条件不断调整的情况下,很难满足能耗和生产最优结合的目标。

7.2.2.4 以成本或利润为目标的煤气优化调度模型

以成本或利润为目标的煤气优化调度模型,不仅考虑了设备对于煤气的需求,还通过结合价格的波动等市场因素,对煤气在全厂内的使用效果从经济性的角度进行了分配,较好地配合了不断发生变化的市场因素,如下式所示:

$$\max J = \sum_{i=1}^{T_N} \sum_{k=1}^{N_P} (\varphi_{sk} E_{sk}(t_i) - \varphi_{bk} E_{bk}(t_i) - \varphi_{mk} \rho_{mk} E_{mk}(t_i))$$

式中　T_N——调度的时间段数;

　　　N_P——连接到设备的管网数量;

　$E_{sk}(t_i)$——对应管网的能源外卖量;

$E_{bk}(t_i)$ ——对应管网的能源外购量；

$E_{mk}(t_i)$ ——对应管网的能源放散量；

φ_{sk} ——对应管网的能源外卖的价格系数；

φ_{bk} ——对应管网的能源外购的价格系数；

φ_{mk} ——对应管网的能源放散的价格系数。

同时，与利润或价格系数进行关联，还可以通过对计算结果的分析，找到钢铁生产和煤气利用两者结合的最优点，为指导企业的生产和盈利提供了极为重要的依据。

可以说，与成本或利润相关的副产煤气优化调度目标，虽然由于变量维度的增加造成了计算上的难度，但是却毫无疑问地为钢铁生产过程中的利润点指明了方向，具有重要的意义。

然而，随着市场因素和价格系数的不断变化，在进行煤气优化和调度的过程当中，不免要对设备进行相对频繁的调整。由设备频繁开关、流量频繁变化引起的设备能源利用效率低，以及对设备寿命的影响等因素常常被人为的忽略了。由此造成了优化调度的结果，尽管是从利润的角度出发，实际上是片面的。

因此，以利润为目标的煤气优化调度模型，还需进一步考虑，才能更好地适用于实际情况。

7.2.2.5 以副产煤气利用最大利润为目标，带有惩罚系数的综合煤气优化调度模型

正如7.2.2.4节所述，以利润为目标的煤气优化调度模型，较好地结合了设备本身的用能属性和市场的需求和价格波动等因素，因此更加适用于当今市场频繁变动的情况。

然而，以锅炉为例，其最佳的效率区间在额定蒸发量的85%~100%的范围内，低于或者高于此上下限的运行，都会造成锅炉热效率的急剧下降；与此相似，若对加热炉内的煤气用量进行频繁的调整，必然会对烧嘴或燃烧器的工作情况进行不断的变化，从而造成设备的加速磨损和老化也是难以避免的；作为煤气系统重要的缓冲和储存设备的煤气柜，在其标准的柜位区间会呈现良好的工作效率，如果进行频繁的调节，除自身消耗的能源增加，还造成活塞和煤气柜的额外磨损，同时造成的潜在事故率增大的可能性也是不能忽略的。

因此，优化调度的模型计算得到的结果，若因为实际价格系数的波动造成设备功能和煤气用量上的频繁波动，不能片面地忽略和执行，而要通过增加相应的惩罚因子或设备的消耗系数，才能抵消由此产生的损耗，得到的结果才能够更具有实用的意义。

7.2.3 钢铁企业副产煤气静态管理调度模型

钢铁企业副产煤气的静态管理调度，是基于设备对副产煤气热值的需求，建立的有一定目标的方程以及与之匹配的约束条件而构成的优化模型。本节以某一钢铁厂生产流程为例对副产煤气静态管理调度模型加以说明，其主要内容如下。

7.2.3.1 静态管理调度模型目标方程的建立

副产煤气是钢铁企业生产过程中重要的能源介质。因此，在满足各设备煤气使用量的基础上，通过对锅炉等煤气缓冲单元和煤气柜等煤气储存单元煤气的合理分配，可以使钢铁企业副产煤气的利益最大化，对减少企业的能源成本，保证生产的安全和连续，有着重要的意义。

本节以某钢铁厂设备和能源消耗现状作为研究对象，如图7-9所示。该钢铁厂由于建设初期的规划没有建立焦炉，因此焦炭的使用主要靠购入解决。因此缺少热值较高的焦炉煤气，其热值的补充主要通过补充定量的天然气解决。因此，该钢铁厂的主工艺流程为：烧结系统—炼铁系统—炼钢系统—轧钢系统—辅助系统，其能耗消耗比重较大的设备包括高炉喷煤系统、烧结机、热风炉、加热炉、锅炉、鱼雷型混铁车、套筒窑及钢包等。

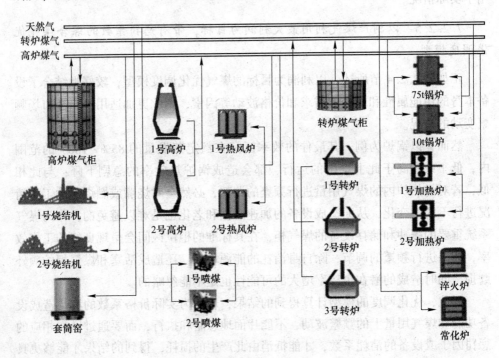

图 7-9　副产煤气设备及管网示意图

本节以该钢厂作为研究对象，建立煤气优化自动调度模型，并以整体收益最大作为目标函数，其中结合价格系数对生产系统的煤气用量进行分配，高炉煤气和转炉煤气使用的利润最大方程如下：

$$\max \varphi_{1,\mathrm{bfg}}(T_i) = \sum_{i=1}^{i_1+j_1} \zeta_{\mathrm{bfg},i}(T_i) \times BFG_i(T_i) + \zeta_{\mathrm{bfg},v}(T_i) \times H_{\mathrm{bfg},v}(T_i)$$

$$\max \varphi_{1,\mathrm{ldg}}(T_i) = \sum_{i=1}^{i_2+j_2} \zeta_{\mathrm{ldg},i}(T_i) \times LDG_i(T_i) + \zeta_{\mathrm{ldg},v}(T_i) \times H_{\mathrm{ldg},v}(T_i)$$

由于煤气的管理调度所产生的设备煤气使用量及煤气柜柜位的短期波动，会造成设备的损耗和额外费用的支出，其中带来的耗损由相应的惩罚系数表示。由此损失造成利润的减少，应表示为惩罚系数与煤气变化量的乘积，具体表示如下式所示：

$$\varphi_{2,\mathrm{bfg}}(T_i) = \sum_{i=1}^{i_1+j_1} \psi_{\mathrm{bfg},i}(T_i) \times \Delta BFG_i + \psi_{\mathrm{bfg},v}(T_i) \times \Delta H_{\mathrm{bfg},v}$$

$$\varphi_{2,\mathrm{ldg}}(T_i) = \sum_{i=1}^{i_1+j_1} \psi_{\mathrm{ldg},i}(T_i) \times \Delta LDG_i + \psi_{\mathrm{bfg},v}(T_i) \times \Delta H_{\mathrm{bfg},v}$$

因此，综合的利润应表示为煤气使用所带来的收益与损失利润之间的差值，分别表示如下：

$$\max \varphi(T_i) = \varphi_{1,\mathrm{bfg}}(T_i) - \varphi_{2,\mathrm{bfg}}(T_i)$$

$$\max \varphi(T_i) = \varphi_{1,\mathrm{ldg}}(T_i) - \varphi_{2,\mathrm{ldg}}(T_i)$$

其中：

$$\Delta BFG_i = |\ BFG_i(T_i) - BFG_i(T_{i-1})\ |$$

$$\Delta LDG_i = |\ LDG_i(T_i) - LDG_i(T_{i-1})\ |$$

$$\Delta H_{\mathrm{bfg},v} = |\ H_{\mathrm{bfg},v}(T_i) - H_{\mathrm{bfg},v}(T_{i-1})\ |$$

$$\Delta H_{\mathrm{ldg},v} = |\ H_{\mathrm{ldg},v}(T_i) - H_{\mathrm{ldg},v}(T_{i-1})\ |$$

变量表示如下所示：

T_i——煤气调度所对应的当前时段；

i, j——煤气利用设备和煤气转化设备；

$\varphi_{1,\mathrm{bfg}}(T_i)$——当前时刻高炉煤气利用所带来的收益；

$\varphi_{1,\mathrm{ldg}}(T_i)$——当前时刻转炉煤气利用所带来的收益；

$\varphi_{2,\mathrm{bfg}}(T_i)$——当前时刻高炉煤气调节所引起的损耗；

$\varphi_{2,\mathrm{ldg}}(T_i)$——当前时刻转炉煤气调节所引起的损耗；

$\zeta_{\mathrm{bfg},i}(T_i)$——当前时刻 i 设备利用高炉煤气所带来的收益系数；

$\zeta_{\mathrm{ldg},i}(T_i)$——当前时刻 i 设备利用转炉煤气所带来的收益系数；

$\psi_{\mathrm{bfg},i}(T_i)$——当前时刻 i 设备利用高炉煤气引起的损耗系数；

$\psi_{\mathrm{ldg},i}(T_i)$——当前时刻 i 设备利用转炉煤气所引起的损耗系数；

$BFG_i(T_i)$——当前时刻 i 设备高炉煤气的消耗量；

$LDG_i(T_i)$——当前时刻 i 设备转炉煤气的消耗量；

ΔBFG_i——i 设备高炉煤气的消耗量的瞬时变化量；

ΔLDG_i——i 设备转炉煤气的消耗量的瞬时变化量；

$H_{bfg,v}(T_i)$——高炉煤气柜的吞吐量；

$H_{ldg,v}(T_i)$——转炉煤气柜的吞吐量；

$\Delta H_{bfg,v}$——高炉煤气柜的吞吐量的瞬时变化量；

$\Delta H_{ldg,v}$——转炉煤气柜的吞吐量的瞬时变化量。

由此可见，管理调度的目标不仅结合了煤气对于不同设备的价格系数，使得煤气在全厂中的分配方案更多地考虑到了由于能源价格的波动而引起的收益率的变化；同时，结合了由煤气对于设备频繁波动而制定的惩罚因子，通过对煤气用量、烧嘴开度和燃烧器的控制，保证了在煤气调度过程中方案的可行性，避免了由此引发的设备的过度损耗。

7.2.3.2 静态管理调度模型的约束条件

在进行了煤气管理调度模型的目标建立的基础上，就要建立与之相应的约束条件，以限制煤气调度的区间，保证计算结果的正确性。

在钢铁生产的流程的约束集合中，有些约束只是反映系统本身对于变量的要求，有些则是通过几个连续的过程而建立起来的对变量的约束。根据这种思想可以将模型中的约束条件简单分为两类：系统约束条件和过程约束条件。

（1）系统约束条件：这类的约束条件反映出了钢铁生产的过程是连续的，过程中的物料应该是守恒的，具体包括铁料平衡约束和能源平衡约束，煤气产生的各项均为正等。

（2）过程约束条件：过程约束条件之间是相互独立的，它主要反映了各设备对煤气调度的约束，具体包括高焦煤气的使用在一定的范围内或配比遵循一定的系数范围，某些用户短时间内的煤气用量不能超过一定的范围、必须在一定的数值内等。

由此建立的管理调度模型的约束条件，基于设备对于煤气的使用方式不同以及整体的产耗平衡，因此所得到的形式也可进行相应的分类，从而在变量繁多的煤气系统优化建模的过程中得到较好的效果。静态管理调度模型的主要约束条件如下：

（1）煤气系统的平衡约束是煤气调度模型及后续求解的重要基础，煤气的平衡通过对煤气的发生量、使用量、储存量和放散量进行累积，从而达到对煤气系统进行宏观上约束的作用。同时，煤气系统在任一时刻的煤气平衡约束，不仅是对系统建立过程约束的重要保证，而且对各煤气消耗或储存等设备的实时运行状态进行了监控，为其他相关约束的建立提供了依据。

对于本节所研究的钢铁企业生产流程，其高炉煤气和转炉煤气在系统运行过程中保持实时平衡，约束形式如下式所示：

$$BFG(T_i) = \sum_{i=1}^{i_1+j_1} BFG_i(T_i) + \varepsilon_1(T_i) \times H_{\text{bfg},v}(T_i) + \xi_{\text{bfg}}(T_i)$$

$$LDG(T_i) = \sum_{i=1}^{i_2+j_2} LDG_i(T_i) + \varepsilon_2(T_i) \times H_{\text{ldg},v}(T_i) + \xi_{\text{ldg}}(T_i)$$

（2）煤气用户对煤气的消耗有着品质和用量上的要求。煤气的品质主要由于设备在工艺上有着一定热值的要求，从而决定了是否使用单一热值的煤气或混合煤气的热值在可行的上限和下限范围内；煤气用量的要求主要取决于燃烧的设计，要求使用煤气的量在其较好效率区间的负荷范围之内。

因此，对于实时在消耗煤气正常运行的设备，其对应单一或混合煤气的消耗量，由于煤气使用设备对于煤气热值的要求不同，因而存在着各煤气用量的上下限约束，建立约束的形式如下：

$$BFG_{i,\min} \leqslant BFG_i(T_i) \leqslant BFG_{i,\max}$$

$$LDG_{i,\min} \leqslant LDG_i(T_i) \leqslant LDG_{i,\max}$$

（3）煤气转化用户是当某种一次或二次能源过剩或不足时，自动地对该种能源进行调整，同时替换另一种或几种能源的消耗量，或者对消耗量的大小进行调整过。其中，转化或调整能力的大小，取决于能源的平衡、设备的转化效率以及各能源的分配比。例如，高炉煤气产生过剩，缓冲用户如电厂等将增加高炉煤气的使用量，减少其他例如煤粉等能源介质的用量，从而在保证用户的基础之上增加富余能源的消耗。

能源的调整情况也分为两种情况，一是在能源产品使用量发生变化的情况下，各能源的比例保持不变；二是当能源产品的使用量发生变化的同时，各能源的比例也同时发生着变化，例如电站锅炉，当消耗的副产煤气发生用量的变化时，可通过改变能源比例，增加煤粉或其他能源的消耗，保持锅炉的负荷和能源变化之前的稳定。

对于煤气的转化设备，例如电站锅炉等，根据其煤气转化的需求和吞吐能力，应建立符合其负荷要求的煤气上限约束，保证其煤气的供应量在其最大转化量以下，具体形式表示如下：

$$BFG_j(T_i) \leqslant X_{\text{bfg},j}$$

$$LDG_j(T_i) \leqslant X_{\text{ldg},j}$$

（4）煤气的储存用户主要包括了对应各副产煤气的煤气柜等，如高炉煤气柜和转炉煤气柜等。煤气柜作为工业煤气储存的钢制容器，主要有干式煤气柜和湿式煤气柜两种。其中干式煤气柜为稀（干）油或柔膜密封的活塞式结构；而湿式煤气柜为用水密封的套筒式圆柱型机构。煤气柜通过活塞在钟罩内的移动对储存的空间进行调整，从而在安全压力和柜位的范围之内，对柜内的煤气进行吞吐的储存和释放。

对于煤气的重要储存设备，煤气柜对于煤气的储存不仅有着上下限柜位的约束，以保证其煤气的储存量保持在最大和最小的安全柜位之间；同时，煤气柜的活塞移动应有着移动最大速度的限制，以保证煤气的储存速率小于安全的速度，使煤气的存储安全。

$$H_{bfg,min} \leqslant H_{bfg}(T_i) \leqslant H_{bfg,max}$$

$$H_{ldg,min} \leqslant H_{ldg}(T_i) \leqslant H_{ldg,max}$$

$$|H_{bfg,v}| \leqslant VH_{bfg}$$

$$|H_{ldg,v}| \leqslant VH_{ldg}$$

（5）同时保证，上述约束条件中的任意项均不为负。

其中：

$\xi_{bfg}(T_i)$ ——当前时刻的高炉煤气放散量；

$\xi_{ldg}(T_i)$ ——当前时刻的转炉煤气放散量；

$H_{bfg,v}(T_i)$ ——当前时刻的高炉煤气柜的吞吐量；

$H_{ldg,v}(T_i)$ ——当前时刻的转炉煤气柜的吞吐量；

$BFG_{i,max}$，$BFG_{i,min}$ ——煤气使用设备的高炉煤气使用上下限；

$LDG_{i,max}$，$LDG_{i,min}$ ——煤气使用设备的转炉煤气使用上下限；

$X_{bfg,j}$ ——煤气转化设备的高炉煤气上限；

$X_{ldg,j}$ ——煤气转化设备的转炉煤气上限；

VH_{bfg} ——高炉煤气柜安全柜位；

VH_{ldg} ——转炉煤气柜安全柜位；

ε_1 ——高炉煤气柜柜位折算为体积的系数；

ε_2 ——转炉煤气柜柜位折算为体积的系数。

由此，建立了煤气静态管理调度模型的约束条件，为煤气的优化分配给出了合理的依据，保证了模型计算结果的正确性。同时，通过对约束条件按照设备消耗煤气的属性进行分类，也便于了建模和计算工作的展开，找到了符合煤气管理调度设备的一般规律，为进一步的模型处理提供了重要的帮助。

7.2.3.3　约束条件与目标方程的匹配与选择

根据上文对煤气管理调度目标方程和约束条件的建立，得到了综合的煤气管理调度模型，为煤气的综合利用提供了重要的依据，综合上文将优化模型表示如下：

$$OBJ\begin{cases} \max \varphi_{\mathrm{ldg}}(T_i) = \varphi_{1,\mathrm{ldg}}(T_i) - \varphi_{2,\mathrm{ldg}}(T_i) \\ \max \varphi_{\mathrm{bfg}}(T_i) = \varphi_{1,\mathrm{bfg}}(T_i) - \varphi_{2,\mathrm{bfg}}(T_i) \end{cases}$$

由于目标方程是多目标方程，本书将采用加权法将其转化为单目标方程进行求解，设定其比例加权系数为 ω，目标方程即可改写为

$$\max OBJ(T_i) = \varphi_{\mathrm{ldg}}(T_i) + \omega\varphi_{\mathrm{bfg}}(T_i)$$

由于两个子目标的数学含义均表示为两种煤气使用的最大收益值，因此计算量的数值和单位应相等并处于同一数量级，所以取比例加权系数 $\omega = 1$ 即可。由此，本节确认了目标函数的最终形式如下式所示：

$$st\begin{cases} BFG(T_i) = \sum_{i=1}^{i_1+j_1} BFG_i(T_i) + \varepsilon_1(T_i) \times H_{\mathrm{bfg},v}(T_i) + \xi_{\mathrm{bfg}}(T_i) \\ LDG(T_i) = \sum_{i=1}^{i_2+j_2} LDG_i(T_i) + \varepsilon_2(T_i) \times H_{\mathrm{ldg},v}(T_i) + \xi_{\mathrm{ldg}}(T_i) \\ BFG_{i,\min} \leqslant BFG_i(T_i) \leqslant BFG_{i,\max} \\ LDG_{i,\min} \leqslant LDG_i(T_i) \leqslant LDG_{i,\max} \\ BFG_j(T_i) \leqslant X_{\mathrm{bfg},j} \\ LDG_j(T_i) \leqslant X_{\mathrm{ldg},j} \\ H_{\mathrm{bfg},\min} \leqslant H_{\mathrm{bfg}}(T_i) \leqslant H_{\mathrm{bfg},\max} \\ H_{\mathrm{ldg},\min} \leqslant H_{\mathrm{ldg}}(T_i) \leqslant H_{\mathrm{ldg},\max} \\ |H_{\mathrm{bfg},v}| \leqslant VH_{\mathrm{bfg}} \\ |H_{\mathrm{ldg},v}| \leqslant VH_{\mathrm{ldg}} \end{cases}$$

式中 $\xi_{\mathrm{bfg}}(T_i)$ ——当前时刻的高炉煤气放散量；

$\xi_{\mathrm{ldg}}(T_i)$ ——当前时刻的转炉煤气放散量；

$H_{\mathrm{bfg},v}(T_i)$ ——当前时刻的高炉煤气柜的吞吐量；

$H_{\mathrm{ldg},v}(T_i)$ ——当前时刻的转炉煤气柜的吞吐量；

$BFG_{i,\max}$，$BFG_{i,\min}$ ——煤气使用设备的高炉煤气使用上下限；

$LDG_{i,\max}$，$LDG_{i,\min}$ ——煤气使用设备的转炉煤气使用上下限；

$X_{\mathrm{bfg},j}$ ——煤气转化设备的高炉煤气上限；

$X_{\mathrm{ldg},j}$ ——煤气转化设备的转炉煤气上限；

VH_{bfg} ——高炉煤气柜安全柜位；

VH_{ldg} ——转炉煤气柜安全柜位；

ε_1 ——高炉煤气柜柜位折算为体积的系数；

ε_2 ——转炉煤气柜柜位折算为体积的系数。

分析上述约束条件，按其自身和时间上的属性可分为两类：第一类有着时间

上的后效性，与设备当前及未来时刻的运行状态有着密切的关系，如高炉煤气柜的柜位和高炉煤气柜的缓冲速度；另一类不存在时间上的后效性，其约束条件的建立只与设备对于煤气使用的自身属性相关，如设备对某种煤气使用的上限和下限等。

因此，本书在建立了约束条件的基础之上，为保证调度模型的通用性和正确性，将约束条件分为可选约束与不可选约束。

可选约束是根据设备对煤气的消耗特征，建立与之匹配的上下限约束、煤气平衡约束等限制条件，不管研究对象呈现出如何的变化，都要按工艺的要求去建立上述约束以满足热值等相对固定的要求。

对于可选约束来说，尽管上下限的确定数值会有所不同，但在具有相同性质的基础之上，只需要查阅相关的设备材料即可得到形式相同的约束条件，因此具有广泛的通用性。

不可选约束是针对工艺的运行特征，在不同时刻因为时间对于设备的后效性所产生的约束条件。该约束条件不仅仅与设备相关，还与随时在运行着的设备的前后时刻的状态密不可分。

因此，该种约束既不能脱离设备本身的属性去建立，又要与设备的运行状态相联系，在建立的过程中形式上不具有通用的效果。

7.2.4 钢铁企业副产煤气动态管理调度模型的研究

钢铁企业能源动态管理调度，是能源管理调度中的重要组成部分，指导了动态情况下，能源的最优使用策略。如高炉发生休风时，煤气产生量急剧的减少，就要通过对煤气使用设备的调整去解决因煤气产生小于消耗而产生的资源不足的问题；再如，由加热炉等设备发生临时的故障或检修时，随之出现的煤气消耗量减少，则要通过煤气柜的缓冲或电站锅炉的提高负荷去减少由煤气富余量增多而引起的放散或浪费，如图7-10所示。

由此可见，能源（煤气）系统的动态管理调度，实质上反映的是煤气在不同层次上的梯级利用的思想。既在总量上与静态调度形成梯级调度的差别，同时又因为动态事件的不同水平进行更具有分级特征的煤气综合利用，从而为合理的调度以及专家库的形成和建立提供重要的依据。

综上所述，钢铁企业能源（煤气）系统动态问题主要包括以下两种：由煤气发生单元的动态事件而导致的煤气发生量不足的动态事件；由煤气消耗单元的动态事件而导致的煤气消耗量减少的动态事件。

煤气消耗设备的减少引起的动态事件，需要对富余煤气的去向进行合理分析，以便于通过煤气缓冲和储存设备对煤气资源的合理安排，达到减少或避免放散的目标。

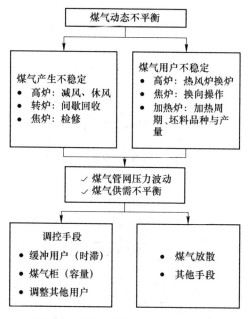

图 7-10 煤气系统动态事件示意图

然而,煤气富余时的调节,一方面与煤气的富余量有关,另一方面还与钢铁企业自身煤气调节能力有着密切的关系。即通过煤气产量与消耗量的差值和设备对煤气的调节能力进行综合的考虑,达到煤气利用水平不同的梯级调度的目的。

为保障煤气在动态事件中的梯级及合理利用,首先要明确动态事件发生时各设备的调度水平和调度层次,即动态事件中设备调度的优先顺序。在实际的钢铁企业生产过程中,煤气发生富余时,一般先要满足锅炉提高负荷的要求,在超出锅炉的缓冲能力的范围之外,在通过煤气柜在安全柜位范围内的调节,去尽可能在可行的范围内减少煤气放散。最后,在以上缓冲和储存能力的调节能力之外的富余煤气,要通过放散塔进行放散,以保持煤气管网处于安全压力的范围之内,流程图如图 7-11 所示。

上述的动态调度方式,是煤气系统产生煤气发生量大于消耗量的动态情况下的一般调度方式,保证了该工况下煤气尽可能地合理利用和放散减小。

当另一种煤气系统动态事件,如高炉发生减风或休风,使副产煤气在一段时间内产生量不能满足设备消耗的需求,则需通过对设备进行负荷减小或关闭的调整,以保证未来相应的时间内,煤气系统的消耗量能够克服由动态事件引起的煤气减少,或者通过煤气柜的调节可以使生产进行平稳的过渡。

同样地,对设备进行调节,明确设备的调节顺序和调节能力,达到煤气系统的分级使用,是该动态事件下煤气系统保持相对稳定的重要依据,如图 7-12 所示。

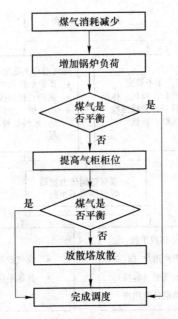

图 7-11 煤气短缺事件调度流程图

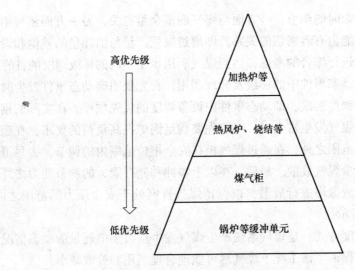

图 7-12 煤气系统设备优先顺序示意图

一般情况下，电站锅炉作为最为重要的煤气缓冲系统，处于煤气系统调节的前列；若依然不能满足煤气总量在该时段内的平衡，则通过煤气柜柜位在安全范围内的下降，向煤气管网中进行煤气的输送，以维持管网的安全压力；最后，若仍不满足煤气总量的平衡，则依次按生产和订单优先顺序的不同，对热风炉、烧结和喷煤以及加热炉进行降耗或停炉处理，以高炉煤气为例，其动态调度的流程图如图 7-13 所示。

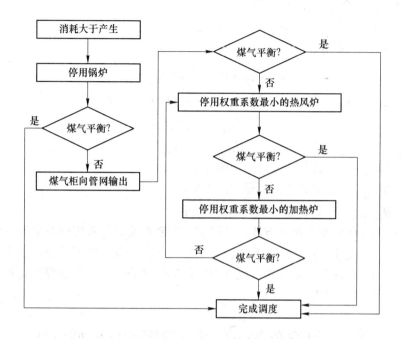

图 7-13   高炉煤气动态调度流程图

因此，如上述流程图所示，以高炉煤气发生煤气动态事件为例，其优化管理调度方程如下式所示：

若 $BFG \geqslant \sum BFG_{i,\max}$ ，

$$\Delta BFG_{\mathrm{boil}} = BFG - \sum BFG_{i,\max}$$

$$\Delta H_{\mathrm{bfg}} = BFG - \sum BFG_{i,\max} - \Delta BFG_{\mathrm{boil}}$$

$$BFG_{\mathrm{emis}} = BFG - \sum BFG_{i,\max} - \Delta BFG_{\mathrm{boil}} - \Delta H_{\mathrm{bfg}}$$

$$H_{\mathrm{bfg}} \leqslant H_{\mathrm{bfg,max}}$$

$$| H_{\mathrm{bfg},v} | \leqslant VH_{\mathrm{bfg}}$$

式中　　BFG——高炉煤气产生总量；

$BFG_{i,\max}$——各单元消耗高炉煤气上限；

$\Delta BFG_{\mathrm{boil}}$——锅炉的高炉煤气调节量；

H_{bfg}——高炉煤气柜柜位；

ΔH_{bfg}——高炉煤气柜调节量；

BFG_{emis}——高炉煤气放散量；

VH_{bfg}——高炉煤气柜最大调节速度；

$H_{bfg,v}$——单位时间高炉煤气柜的吞吐量；

$H_{bfg,max}$——高炉煤气柜安全柜位上限。

若 $BFG < \sum BFG_{i,min}$，

$$\Delta BFG_{boil} = BFG_{boil}$$

$$\Delta H_{bfg} = \sum BFG_{i,min} - \Delta BFG_{boil} - BFG$$

$$|H_{bfg,v}| \leqslant VH_{bfg}$$

$$H_{bfg,min} \leqslant H_{bfg}$$

式中 $BFG_{i,min}$——各单元消耗高炉煤气下限；

       BFG_{boil}——锅炉的高炉煤气使用量；

       $H_{bfg,min}$——高炉煤气柜安全柜位下限。

通过上述的分析和调节方式，即建立了钢铁企业煤气系统动态情况下的一般处理方式，由此建立的专家库系统，为动态事件的处理提供了重要的依据，保证了企业在动态情况下，能够进行最优的生产和煤气分布，为企业智能化和合理化生产提供了重要的依据。

7.3 钢铁企业副产煤气管理调度模型总结

本书根据钢铁企业煤气富余情况进行分类，建立了副产煤气系统静态和动态情况下的梯级管理调度模型。

在静态情况下的煤气调度模型中，本书建立了以副产煤气使用得到的最大利润为目标的目标函数，并创新性地结合了煤气对于不同设备使用上的价格系数，同时在煤气调度过程中由于频繁的波动而造成对于烧嘴和设备的消耗，本书在模型建立的基础上使用了相应的惩罚因子，客观地对煤气的调度进行了合理的描述；同时，在对模型约束条件的建立过程中，根据约束条件对于时间上后效性的不同分为了可选约束和不可选约束，为钢铁企业能源静态调度的数学模型提供了通用性上的便利。

在动态情况下的煤气调度模型中，根据设备在动态情况下使用的优先层次的不同制定了相应的煤气调度方案，从而在得到了正确的调度方案的基础之上，为动态情况下的调度专家库的建立提供了重要的依据。

本书所介绍的钢铁企业副产煤气产耗的管理调度模型仅是钢铁厂煤气（能源）管理系统中的一个部分，完整的能源管理系统还应包括完整的信息采集系统、信息统计系统、优化管理系统、成本核算系统及技术评价系统等。

习　题

7-1 钢铁企业副产煤气调度管理过程中，其煤气产耗管理调度模型所涉及的主要约束条件有哪些？

参 考 文 献

[1] 任有中. 能源工程管理 [M]. 北京：中国电力出版社，2007.

[2] 周伟国，马国彬. 能源工程管理 [M]. 上海：同济大学出版社，2007.

[3] 王桂辉. 转炉炼钢厂节能降耗的实践探索 [J]. 冶金能源，2005，24（1）：20-21.

[4] 陈雯. 我国省际工业节能减排绩效评价 [J]. 长春理工大学学报（社会科学版），2012，25（1）：54-56.

[5] 沈龙海. 合同能源管理与中国节能服务产业发展 [J]. 电力需求侧管理，2007，9（5）：17-18.

[6] 顾海涛，王书保，卢毅，等. 企业信息化能源管理系统的应用与企业节能 [J]. 电力需求侧管理，2006，8（4）：40-42.

[7] 王萌，苏艺. 钢铁工业节能减排技术及其在国内的应用 [J]. 环境工程，2010，28（2）：59-62.

[8] 欧俭平，蒋绍坚，萧泽强. 蜂窝型蓄热体传热过程热工特性的数值研究 [J]. 耐火材料，2003，37（6）：348-351.

[9] 董敏亚. 钢铁企业副产煤气调度优化研究 [D]. 济南：山东大学，2012.

[10] 王鼎，邓万里. 宝钢副产煤气利用及减排技术的开发与实践 [J]. 宝钢技术，2009（3）：2-6.

[11] 李智，苏福永，温治，等. 遗传算法的改进及在钢铁企业煤气调度中的应用 [J]. 东北大学学报（自然科学版），2014，35（5）：645-649.